我心安处是幸福
淡然从容是人生

宋犀堃 编著

新华出版社

图书在版编目（CIP）数据

我心安处是幸福　淡然从容是人生 / 宋犀堃编著
北京：新华出版社，2017.10
ISBN 978-7-5166-3541-4
Ⅰ. ①我… Ⅱ. ①宋… Ⅲ. ①女性－人生哲学－通俗读物 Ⅳ. ①B821-49
中国版本图书馆CIP数据核字(2017)第251184号

我心安处是幸福　淡然从容是人生

作　　者：宋犀堃

责任编辑：刘　飞　　　　图书策划：郑书凤
装帧设计：赵志军

出版发行：新华出版社
地　　址：北京石景山区京原路8号　　　　邮　　编：100040
网　　址：http://www.xinhuapub.com
经　　销：新华书店
购书热线：010－51338466 13051882866

照　　排：新华出版社照排中心
印　　刷：北京高岭印刷有限公司

成品尺寸：170mm×240mm
印　　张：17.5　　　　字　　数：300千字
版　　次：2017年11月第一版　　　　印　　次：2017年11月第一次印刷
书　　号：ISBN 978-7-5166-3541-4
定　　价：39.80元

序言

foreword

做一个刚刚好的女人

如何才能做为一个刚刚好的女子，刚刚好的定义是在那里？估计每个人的心中衡量的标准不一样吧，我心中一个刚刚好的女子是这样的：

做一个刚刚好的女子，不浮不躁，不争不抢，不是不追求，只是淡然从容。没有浮躁的心情，没有争名夺利的思想，不是没有追求，只求心安理得。

做一个刚刚好的女子，淡淡地为学习而尽力，我们不需要成为学霸，只要全力以赴，成绩让我们满意就可以了。

做一个刚刚好的女子，淡淡地为工作而尽责，我们不需要成为女强人，对同事、对上司、对公司有一个很好的交代就可以了。

做一个刚刚好的女子，淡淡地为生活而喝彩。我们不需要成为明星一样闪光耀眼，只要活出自我特点、自我色彩即可。

做一个刚刚好的女子，要学会一个人，即使身边那个人还没有出现在你的生活中，如果缘分未到，一切随缘不强求；缘分到了，好好把握。

做一个刚刚好的女子，有自己的喜好，周末在家一壶茶、一本书也可以享受周末的美好。不时约上几个好友，在共同的秘密基地聚上一聚，谈谈心说说话，不会

冷落了朋友。可以选择自己喜欢的地方，和自己心爱的人一起去旅游。在自己闲暇的时候回家去看看，和家人话里话长，和邻居叨叨唠唠那家的小狗又生了几只，哪家的闺女嫁了，哪家添丁了。

做一个刚刚好的女子，即使不化妆也可以活的精致。平时养生气色好，注意保养自己，闲余时做上几道自己喜欢吃的拿手菜，可以自己享受也可以邀请三五好友分享。

做一个刚刚好的女子，要有自己的原则，宠辱不惊，看庭前花开花落；去留无意，望天上云卷云舒。

做一个刚刚好的女子，有自己的梦想。梦想就像一粒种子，在女子的心中生根发芽，让自己有了追求，有了奋斗的目标。

做一个刚刚好的女子，温暖而明媚。带给身边的人无限温暖的阳光，暖人心田。学会用感恩的心对待给我们帮助的人，感恩生活对我们的优待。阳光温热，岁月静好。

做一个刚刚好的女子，不将就，不攀附。应该是女人今生的一个追求。

目录·catalogue·

|第一章|　放下执念，让心灵更自在 / 1

懂得放松，感受随意的小幸福 / 3

学会放下，让心灵轻装前进 / 9

世界很复杂，但你可以活得更简单 / 14

停止抱怨，追求从容恬淡的生活 / 19

放下猜疑，做内心坦然的女人 / 24

适应现实，接受生命中的不完美 / 30

|第二章|　活得洒脱，过自己喜欢的生活 / 35

找回自我，活成自己喜欢的样子 / 37

敢于说“不”，作出自己生命的决定 / 43

人生最可怕的事，就是一边后悔一边生活 / 48

欣赏自己，学会给自己鼓掌 / 53

活力四射，女人要越活越年轻 / 59

做个性女人，与众不同也是一种精彩 / 64

目录·catalogue·

|第三章| 从容成长，不慌不忙，自有力量 / 69

自由独立，让生活从容惬意 / 71

从容向前，学习是一辈子的修炼 / 77

快乐阅读，读书可以改变一个人的气质 / 83

学会坚强，甩掉“弱者”的标签 / 88

别太固执，保持开放、通达的心态 / 93

保持耐心，所有的美好都是因为坚持 / 98

|第四章| 提升品位，诗意的人生，优雅地过 / 103

蕙质兰心，展示女性独特的韵味 / 105

修养是女人最美丽的外衣 / 111

风情万种，令人神往的情致 / 116

优雅高贵，展示迷人的风度 / 121

穿出风格，才能彰显气质 / 127

行为表情显出女人纤纤神韵 / 131

目录 · catalogue ·

| 第五章 |　拥有情调，让你的生活变得更精彩 / 137

情趣，给平淡的生活加点色彩 / 139

音乐，让生活更美好 / 144

烘焙，是美食也是格调 / 150

花艺，插出快乐新生活 / 155

行走，来一场说走就走的旅行 / 161

艺术，被艺术熏染的生命最美丽 / 166

| 第六章 |　清理生活，彻底告别忙乱烦 / 171

断舍离，从容面对冗杂的物、事、人 / 173

抵制诱惑，断舍离的最高境界是选择 / 180

丢掉烦琐，让生活变得简单 / 187

清理内心，扔掉所有不快乐的想法 / 191

清理记忆，遗忘哪些不快乐的时光 / 195

抛掉虚荣，幸福不是比较出来的 / 199

目录 · catalogue ·

| 第七章 |　活得淡然，才会让这个世界温柔相待 / 205

抛掉心计，用实力赢得尊重　/ 207

坦诚相对，婚姻其实没有那么复杂　/ 214

宽容豁达，淡然的女人最大气　/ 221

从容淡定，用平常心拥抱生活　/ 225

沉静婉约，安安静静就好　/ 230

自我解压，找回心中的宁静　/ 235

| 第八章 |　活得精彩，从从容容过一生 / 239

拥有梦想，你就能拥有精彩　/ 241

相信自己，不要小看了自己的力量　/ 246

拥有希望，从容面对人生中的风和雨　/ 253

热爱生活，你就能拥有精彩　/ 260

打开心门，感受灿烂阳光　/ 266

掌握平衡，生活工作都精彩　/ 270

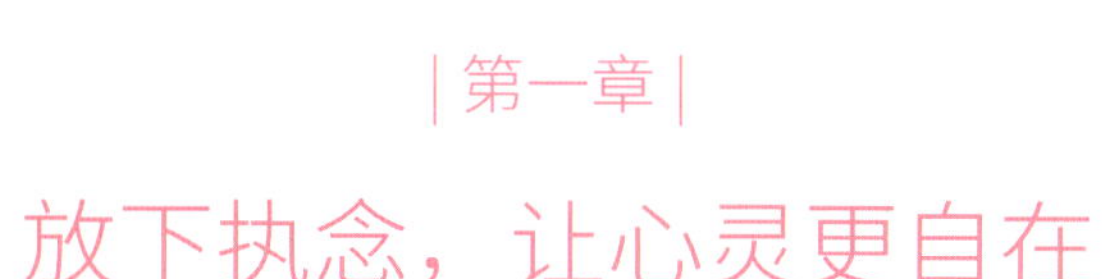

| 第一章 |

放下执念，让心灵更自在

人生有三重境界，第一层是看远，怀有宏大的人生奋斗目标，不为眼前小利斤斤计较，不为眼前小事而牵绊了心情；第二层是看透，现象是纷繁复杂的，透过现象看到本质，这是一种能力，也是一种独特的眼光；第三层是看淡，能够放下执念，将功名利禄置身度外，将世间的纷繁复杂看淡，从容淡定，才能让心灵更自由。

懂得放松，感受随意的小幸福

一个人去向一位智者请教如何才能活得快乐。

在参见大师后问："大师啊！我一直想要快乐，却无法得到，请问我如何才能找到快乐？"

大师的房里刚好有一只猫。猫的尾巴很长，它正转头在追逐自己的尾巴，一副旁若无人的模样。

大师指着猫问道："你看看这只猫，你觉得它快乐吗？"

那人看着猫。

猫一直在追自己的尾巴，忙得团团转，却又永远抓不着，不过看起来似乎很快乐。

他若有所悟而想回答时，猫却停了下来，拖着尾巴走出房间。

"快乐就像猫的尾巴，"大师说，"当你追逐它时，会发现永远抓不到它；但如果不理它，无论走到哪里，尾巴则永远跟在你的后面。"

越追逐快乐，越想得到快乐，就越无法快乐。只有不理会它，"蓦然回首"，才能发现自己已经乐在其中。不仅是快乐，世间的很多东西都是如此，你越是用尽心力追求得到它，越不容易得到，反而，当你坦然面对，以一颗放松的心去对待一切，活得自在、用心，很多东西会追随你而来。

在人生的旅途中，我们犹如蜗牛，背着家庭、事业、社会这些重重的壳，一步一步地艰难向前。我们不断地加快步伐，时而落后于人，时而超过别人，在一次次的失望中追求那偶尔的满足。生存的法则往往比命运还残酷，为了生活，纵然筋疲力尽，却仍不肯轻易认输。

但是，人总是需要放松的，总是需要给自己松绑，让自己的心情快乐起来。

当我们被工作的压力、烦琐的家务折磨的身心疲惫的时候，学会放松心情，去体会生活当中随意的小幸福，不仅仅是一种情趣，更是一种心灵的放松，给自己一点时间，放松心情，感受小幸福所给我们带来的温暖。

其实，幸福、快乐都是需要自己用心去感受的：

小时候练琴时，听到外面小孩子玩耍无比羡慕时，老妈大发慈悲的同意去玩一会儿，是一种幸福。

上了学，因为老师同学的赞美而骄傲地说给父母听，是一种幸福。

舞蹈比赛，站在舞台上的你，那一刻最幸福。

朋友在你完全忘记自己生日的情况下，为你一起过生日的感动，是一种幸福。

想法有人认同，失落有人安慰，和朋友、父母一次真心的交谈是一种幸福。

众多的人群中，因为一个人的笑容而感动，是一种幸福。

早上起来，想起昨夜做了一个好梦，是一种幸福。

说的话，有人听得懂，是一种幸福。

晴朗的天气，画一个淡妆，穿着舒适的衣服，哼唱着自己喜欢的歌，走在喜欢的路上，奔向想去的方向，是一种幸福。

弹熟了一个曲子，弹给想听的人，是一种幸福。

与好朋友，一起去游玩，用照相机记录下美好，是一种幸福。

饿了的时候，就有的吃，渴了的时候，就有的喝，是一种幸福。

路上看到白发的爷爷奶奶，仍然互相搀扶着，是一种幸福。

看着相爱的人结婚，那感人的场面，是一种幸福；共同抱着刚出生的宝宝，那温馨的场面，是一种幸福。

静下来写些东西，写些心情，是一种幸福。

你发现了吗？人生的幸福、快乐、欢喜之处，就在我们视线所触及的每一件小事情当中。当我们面对一件事情时，只要能够持一种放松的心情，一种欣赏的眼光，努力挖掘它内在隐含的乐趣，就算是再繁乱的活动，我们也将会感受到生活的愉悦和快乐。

幸福来之不易，得来却全不费工夫，不要在纠结得来困难的幸福，满足所拥有的幸福，找到使自己快乐起来的动力。人间有真情，即使是在这样的社会，向你周围的人付出真心，就会收获满满的幸福，它不像金钱一样看得见，摸得着，但却能体会得到，感觉得出。

曾听过一句话：生活在一个和平与民主的国度，没有战争，没有饥饿，是大幸福；享受美食，恋爱，安心的过日子，记下感动的瞬间等小乐趣，是小幸福。我们不是不幸福，只是我们忘记了细数幸福。其实，有许多细微的幸福，就躲藏在不起眼的角落里，只是上面覆盖着太多杂乱的东西，被我们忽略了。只要轻轻拂去灰尘，搬开那些杂物，幸福便会初露端倪。

某天，在QQ群里和老同学聊天，几个人七嘴八舌地乱说，无非是些回忆往昔、感慨今天的话。正值而立之年，大家都少不得谈及自己的宝宝。

有人说：“我闺女说了，每天最高兴的事就是，妈妈给我穿衣服，爸爸冲我笑哈哈。”大伙就说：“这孩子有写诗的潜质嘛！”

有人说：“我们家宝贝就盼着我晚上不加班，陪她吃饭，然后到阳台上看星星。”大伙都笑，说这是个浪漫派的小姑娘。

有人说：“我一岁的儿子更了不起，最大的爱好是在床上捡我掉的头发丝，快乐系数跟头发的长短成正比。”这次大伙笑得最凶，觉得这小东西有贾宝玉的影子。

后来，忘了是谁，说了一句：“咱们大人跟小孩的思维就是不一样。他们高兴就是高兴，特别简单。咱们就非得在后面追加一个‘意义’。”

此语一出，大伙顿时哑口无言。

这难道就是我们幸福指数大跌的根源？

在小孩子看来，幸福都是些触手可及的东西——糖果、衣服、玩具，哪怕是一根头发丝，他们快乐得那么真实，不掺杂一丁点儿杂质。而我们这些所谓的“大人”，是从何时开始把幸福定位在遥不可及的“潘多拉星球”的呢？

曾经看到有人在网络上篡改余光中先生的诗歌，改后大致如下：“小时候，幸福是一台电冰箱，雪糕在里头，我在外头。后来，幸福是成绩榜，尖子生在上头，我在下头。再后来，幸福是房价，它跑在前头，我追在后头。最后，幸福是传说，不知怎么就到了尽头……”

看得人满心无奈，只想哭。

难道人长大了就真的没幸福了吗？

必须承认，这世界上有太多我们追求不到的东西，不光是房子、车子、票子。如果我们被这些东西压得丧失了感知幸福的能力，岂不相当于自杀？房子、车子、票子都是让我们的生活更有品质的“工具”，倘若为了追求这些而把自己弄得疲惫不堪，倒有些本末倒置的味道了。

所以，在追得太累的时候，在觉得不幸福的时候，不妨学学小孩子。他们稚嫩的小手不停地抓，都是在抓力所能及的东西。以自己为圆心，以胳膊为半径，努力去抓那些让他们愉悦、开心的东西。抓到了，他们就欢喜得不得了、幸福得不得了。

身为平凡女子的晓雯，从不奢望那些自己够不着的东西，她只在一粥一饭间寻找淡而小的幸福。她说：“做女人，就要有把日子过成艺术的心境。”

在家里收拾旧物时，她发现一只旧纸盒，里面放着她年少时用过的东西。有一朵风干的蔷薇花，有一本鹅黄色的日记本，上面一行行稚嫩的笔迹，诉说着唯有那个时期才有的心情。还有几封手写的信，做过的手工，和折星星用的纸条。眨眼间，二十几年过去了，这些不起眼的小东西，随便拿出一件，都记载着一段故事，一份心情。她整理干净，悉心地保存好，这都是她的微幸福。

她想知道，再过五年、十年、二十年，待自己双鬓斑白时，再看到这些物件，会是怎样的心情。

平常的日子里，把收到的那些祝福短信、感动话语抄写在自己最喜欢的本子上。难过的时候，拿出来看看，想想那些爱自己的人；无助的时候，拿出来看看，想想那些鼓励过自己的话。也许知心的朋友不在身边，可那份纯纯的关爱，却值得一辈子珍藏。毕竟，这也是人生可遇不可求的幸福。

她的小幸福还有很多，做一桌可口的饭菜，与孩子嬉笑打闹，与爱人共享电影；看看阳台上盛开的花，看看黄昏的落日，泡一杯清茶，听时钟滴答的声音，想想自己有家、有工作，想想家人健康平安，幸福的感觉便填满了心房。

真希望，世间所有女子都能如晓雯那般有一份感知幸福的心思，从微小的地方，短暂的瞬间，感受到生命的美妙。若真能如此，你便会发现，幸福其实一点也不昂贵。

心灵箴言 proverbs

会放松的人一定是一个懂得生活的人，因为她知道何时紧握，何时放松，何时张开自己要飞的翅膀，何时找一个温暖的巢穴栖息。懂得生活的人必定是一个成功的人。在一个轻松的氛围下，你的心情就像春日的和风、像夏天的冰水、像秋天的露珠、像冬日的阳光。你会忘了所有的不快，就像天空里飞行的小鸟一样自由自在。

学会放下，让心灵轻装前进

有一位婆罗门，两手拿了两个花瓶，来到佛祖的面前，想把这两个花瓶献给佛祖。

佛祖对婆罗门说："放下！"

婆罗门把他左手拿的那个花瓶放下。

佛祖又说："放下！"

婆罗门又把他右手拿的那个花瓶放下。

然而，佛祖还是对他说："放下！"

这时婆罗门说："我已经两手空空，没有什么可以再放下了，请问现在你要我放下什么？"

佛祖说："我并没有叫你放下你的花瓶，我要你放下的是你的六根、六尘和六识。当你把这些统统放下，就什么牵挂也没有了，你将从生死的桎梏中解脱出来。"

婆罗门抓了抓自己的脑袋，心想：我真愚昧啊！我到这里来的目的正是为了这个"放下"，为了精神的解脱。

他终于悟到了"放下"的真义——"放下"心中的一切贪欲、愤恨和妄想，放下一切才能真正地快乐自在。

有这么一句话："一个人的快乐，并不是他所拥有的多，而是他计较得少。多是负担，是另一种失去。少非不足，是另一种有余。舍弃也不一定是失，而是另一种更宽阔的拥有。"可见，掌握舍得的内涵，敢于放下，也是一种智慧。

人生中很多事情的失误甚至是失败，不是在于你在该追求的时候没有去追求，而往往是你在该放手的时候没有放手。该追求的时候，意味着要抓住时机去得到什么，在这样的情况下，人往往会及时与果断；但是在该放手的时候，往往是意味着你拥有的一些东西将不得不失去，意味着在一定程度上的放弃。所以这样的时候，人往往就容易瞻前顾后，容易反复思量，最终可能在思想的斗争中失去了关键的时机，也就使你一心想把握住的东西随之失去。

这是一个早上，妈妈正在厨房清洗早餐的碗碟。她有一个四岁的孩子，自得其乐地在沙发上玩耍。不久之后，妈妈听到孩子的哭啼声。究竟发生什么事呢？妈妈没来得及将手擦干，就冲到客厅看看孩子去了哪里。

原来，孩子仍坐在沙发上，但是，他的手却插进了放在茶几上的花瓶里。花瓶是上窄下宽的一款，所以，他的手伸了进去，却抽不出来。母亲用了不同的办法，想把卡着了的手拿出来，但都不得要领。

妈妈开始焦急，她稍为用力一点，小孩子就痛得叫苦连天。在无计可施的情况下，妈妈想了一个下策，就是把花瓶打碎。可是她稍有犹豫，因为这个花瓶不是普通的花瓶，而是一件价值连城的古董。不过，为了儿子的手能够拔出，这是唯一的办法。结果，她忍痛将花瓶打破了。

虽然损失不菲，但儿子平平安安，妈妈也就不太计较了。她叫儿子将手伸给她看看有没有损伤。虽然孩子没有任何的皮外伤，但他的拳头仍是紧握住似的无法张开。是不是抽筋呢？妈妈再次惊惶失措。

原来，小孩子的手不是抽筋。他的拳头张不开，是因为他紧握着一个硬币。他是为了拾这个硬币，所以手才卡在花瓶的口内。小孩子的手抽不出来，其实，不是因为花瓶口太窄，而是因为他不肯放手。

放手，带来更大的释放。为了区区一枚硬币，打碎了一个古董花瓶，小孩子当时不会理解，也不会后悔。他不了解他执着那个硬币的机会成本是那么大。他长大了之后，才会了解花瓶的价值，才会明白自己昔日的愚昧。

《卧虎藏龙》里有这样一句话：当你紧握双手，里面什么也没有，当你打开双手，世界都在你手中。很多时候我们都应该懂得舍弃，生活中鱼和熊掌兼得毕竟是少数，每一次的放弃是为了下一次得到更好的回报。紧握双手，肯定是什么也没有，打开双手，至少还有希望。

所以，当面临选择时，我们必须学会放弃。放弃，并不意味着失败。

人们常说一个人要拿得起，放得下，而在付诸行动时，拿得起容易，放得下难，所谓放得下，是指心理状态，也就是我们常说的要敢于放弃，就是遇到千斤重担压心头，也能把心理上的重压卸掉，使之轻松自如。

放弃不是颓废，不是厌世，而是一门学问。人生在世，忙忙碌碌，疲于奔波，我们常常被强烈的愿望所驱赶，不敢停步，不敢懈怠，也不敢轻言放弃。背上包裹越来越多，越来越沉，而我们什么都不愿放弃，因而，当收获越来越多的时候，身心也越来越累。

在现实生活中，放不下的事情实在太多了。比如做了错事，说了错话，受到上级和同事指责，以及自己的好心受到误解，于是心里总有个结解不开，放不下等等。总之，有些人就是这也放不下，那也放不下，想这想那，愁这愁那，心事不断，愁肠百结。有的人之所以感觉活得很累，无精打采，未老先衰，这就因为习惯于将一些事情吊在心里放不下来，结果把自己折腾得疲劳而又苍老。

追求美好的生活是人们共同的心愿，因此，所有人都希望得到越多越好，却不懂没有失去就不会拥有，没有拥有就不会失去。得中有失，失中有得，大千世界，得与失是形影相随的。生命在一点一滴凝聚的同时，也在一分一秒地逝去。当我们拥有青春时，却失去了无忧无虑的童年；当我们融入社会，学会了左右逢源，却失去了原有的纯真和坦荡。盼望日出之美，却失去了宝贵的晨光；享受大都市的高品味生活，却失去了田园生活的悠闲；贪图财、色、官，却失去了做人的正气、道德和平常心。如果把人一生的得失全部收集，得为正数，失为负数，那么相加以后所得结果应该为零，这正可体现得失博弈中世间万物均平衡的道理。

人们常说，风雨过后，面前会是鸥翔鱼游的天水一色，荆棘过后，面前会是铺满鲜花的康庄大道。既然如此，我们还有什么理由“放大人生的痛苦”。只有学会放弃，才会有所收获。当一切尘埃落定，当一切归于平静，我们才会真正懂得放弃其实也是另一种美丽的收获。

世界很复杂，但你可以活得更简单

余秋雨曾说："因为我们的历史太长，权谋太深，兵法太多，黑箱太大，内幕太厚，口舌太贪，眼光太杂，预计太险。所以，我们习惯对一切事物'构思过度'。"

其实，这个世界远没有人们想象得那般复杂，它简单得很，复杂的只是人心罢了。其实，人心也不复杂，只要肯丢掉对生活无限的"构思"。就像冰心说的那样："如果你简单，那么这个世界也就简单。"

由此可见，世界原本不复杂，如果心复杂了，这世界也就复杂了。想想我们这短短几十年的人生，到底追求的是什么？对钱财、名誉、地位的向往又是为了什么呢？说到底还不是为了寻求快乐吗？富足时并不一定比穷困时快乐，历经沧桑也不一定会比不谙世事快乐，所以学会用简单的态度在简单的生活中寻求快乐才是一种真正的幸福。

简单是一种生活境界，是生活的一种方式，是审美的一种追求，更是平衡现代价值系统的一个支点，是自由的一种体现。其实，置身其中，便会忘却工作的疲惫、生活的烦恼、人生的忧愁。根植于简单这块土壤而绽放出的人生之花，必定是芬芳而迷人的。因此，简单又是一种美的境界，领略到简单的精髓，你才能真正懂得只有简单的人生才足以培养豁达而从容的性格。

简单的生活并不是让人们过着清苦贫困的生活，而应该是现代人发自内心的一种精神需求，是一种表现出真正的自我的生活，从而使生活目标和生活意义更加明确；是一种追求健康、丰富、平凡、和谐的心境；是一种让自然沐浴身心，在动与静之间寻求平衡的方式。

简单来源于心态的平和，正所谓“不以物喜，不以己悲”。热爱生活，积极地面对现实，认真地活在当下，真诚地善待他人，不虚伪地戴着面具，不强烈地苛求他人，也不和自己较劲。简单的人，都拥有一颗质朴之心。

但为什么很多女人会感叹：“这个世界太复杂了！”

这是因为，女人的心思向来是比较敏感和脆弱的，遇到不顺心的事情就容易胡思乱想，而且往往是越想越坏，越想越复杂。原本并没有多严重的事情，也会在内心的恐惧中变得越来越可怕。

比如，在工作中，因为自己的方案或者报告不符合领导的喜好，而领导刚好又心情不好，于是被狠狠地教训了一顿。这本是很多人都会遇到的事情，耐心找出自己的问题，重新修改，总会得到认可，并不是什么过不去的坎儿。就算当时的确是因为领导的心情，将问题扩大化，也不必太过在意。做好自己的工作，才是根本。然而，对有的人，特别是自尊心比较强的女人来说，这却是噩梦般的遭遇。自己辛苦努力的结果被轻易否定，是不是能力不够？是不是领导故意和自己过不去？还是彼此之间注定没办法配合默契？有了这样一个情绪化领导，以后的日子怎么办？很多问题徘徊在脑海里，挥散不去。精力已经不仅仅是集中在当前的这份工作任务，而会随着纷乱的思绪不断地扩散。如此一来，解决问题就变成了一项很浩大、很复杂的工程，甚至会考虑到是否要继续从事这份工作。当内心的恐惧感和迷茫感加重的时候，往往容易做出错误的决定。

比如，在感情中，两个人之间的感情越深，越容易发生各种各样的误会。对于很多女人来说，没有办法看着自己心爱的男人与其他的漂亮女孩交往，动不动就吃醋，无端地猜忌，或者强迫爱人不能与其他女孩来往。如果说偶尔吃吃醋，还算是一种可爱、在乎的表现，那么太过多的在乎，就会给双方造成心理上的压力和负担。长此以往，裂痕不断加深，就会成为无法弥补的错误。很多人都曾因误会而错过一段感情，再记起，只有满心的悔恨和伤痛。可如果不能使自己在面对这类事情的时候变得释然，就还会发生相似的事情。

再比如，在交际中，有些女人总是怀疑别人看不起自己，无论什么事，总是喜欢从坏的方面去无端猜测，别人无意中的一言一行，她都以为是对自己的不满或有意见，别人偶尔没跟自己打招呼，也以为是自己得罪了别人，整天东想西想，听风就是雨，无事生非，弄得人际关系紧张。很多时候她都在担忧，但她的担忧又找不到任何充分的事实根据，完全是自己的凭空想象，甚至有时候她自己也不能确定自己在怀疑什么。只是固执地认为别人肯定会危害到自己，而使她痛苦的是，她不知道这种危害什么时候、用什么方法强加在自己身上，她只是坚信自己一定会受到很大程度的伤害。因此她时刻提防着别人，心中充满沉重的心理压力，心情一刻也得不到放松，同时还不知道事情一旦发生后，该如何应付……

天下本无事，庸人自扰之。做简单的人，不世故，不虚伪，不纠结，不在错综复杂的人际关系网中作茧自缚；以平静的心去对待世间的万事万物。做简单的人需要真诚，需要勇气，需要坦率，需要不断舍弃心灵的累赘和迷茫。

追求简单的生活，做简单的人不是幼稚，不是退缩，不是头脑简单，不是不去奋斗追求进步；而是要洗净心灵的积垢，保持心灵的简约与宁静，不为纷繁所扰。做简单的人是用自己的行动，去对生活词典里的一些词汇做最简洁明了的注释，爱、幸福、快乐、希望、阳光、生命、真诚清静、平等慈悲。就连这些优美的词汇，也是别人给予的雅称。

做简单的人就像太阳一样，不会在意人们对他是好是坏，有人说他好，必然也会有人骂他坏，然而太阳并不会因人们的谴责与赞叹而改变自己的轨道。

人生中令人头痛的东西已经足够多的了，如果我们能够追求简单，或许就会走出繁复冗杂的生活，多获得一些悠闲，从而远离烦恼和痛苦。

据说佛门大派临济宗的创始人义弦禅师向弟子们讲法，说到佛禅的最高境界时，妙语惊人：佛法是无须用功，也无处用功的。佛法只是平常无事，冷了穿衣，困了睡觉……此语既出，不仅众弟子讶然，便是尘世中人，也会大感意外吧？

然而，细品味禅师的话，却道出了禅机：世上最玄妙复杂的往往也是最简单的，佛法当然也不例外。

说到这里，不禁想起了一句话："家有万石粮，一日只吃三餐；家有千间房，一夜只睡一张床。"现在想来，这古朴的老话，和现代人开始追求过得简单、享受简单的生活理念，倒是殊途同归呢。

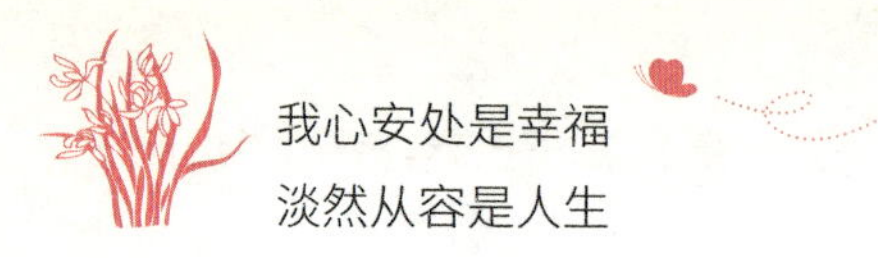

如果你简单，这个世界就对你简单。简单生活才能幸福地生活，人要知足才能常乐，要宽容大度，什么事情都不能想繁杂。心灵的负荷重了，就会怨天尤人。唯有心灵的平和宁静，才能垒起我们快乐幸福的高台。花开花落，云卷云舒，我们都应淡然地走过。

停止抱怨，追求从容恬淡的生活

有人说，如果上帝要折磨一个男人，就会让他遇到一个喜欢抱怨的女人。可见，女人的抱怨多么具有杀伤力。不只是男人受不了女人的抱怨，很多女人也一样无法容忍同类的抱怨之声。如果每天清晨醒来，就有一只高音喇叭在耳边聒噪个不停，也许这一天就再也没有快乐的心情。而喜欢抱怨的女人除了逞一时之痛快，自己也得不到任何好处。既打扰了身边的人，又没办法解决自己的问题，这便是人们不能接受爱抱怨者的缘故了。然而，抱怨却又无法消除。它无处不在，伴随着每一个心存不满的女人。

虽然世上的每个人都会有不如意，但有人总会觉得别人的不如意要比自己少一些。也就是说，她们更多地看到别人快乐的一面，而忽略了自己所拥有的快乐。于是，这便成了抱怨最直接的理由，它可以让人暂时地找到内心的平衡。但也正因如此，她们才会逐渐对抱怨产生依赖，令它成为生活中不可缺少的存在。

女人们的抱怨是多种多样、千变万化的。抱怨相貌不够美丽，抱怨自己命苦没有好出身，抱怨青春不再容颜易老，抱怨自己没人追，抱怨工作忙，抱怨薪水低，抱怨上司太恶毒，抱怨公司制度不合理，抱怨家庭不富裕，抱怨孩子太任性，抱怨人生太多坎坷，等等。只要你有足够的耐心，只要你愿意倾听，女人们的抱怨是几天几夜都说不完的。

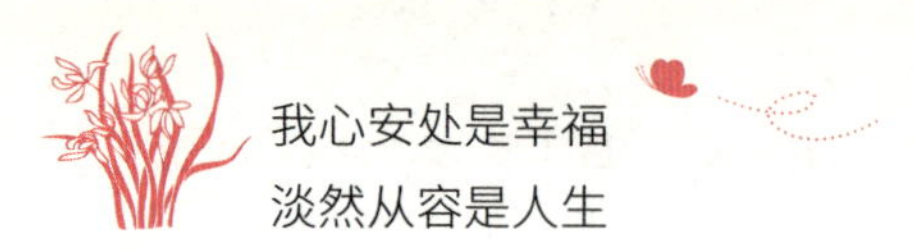

如果一个女人从早上开始，就不停地向你抱怨自己遇到的各种各样的倒霉事，你是否还有心思继续工作呢？如果办公室里刚好有这样一个女人，你是否觉得你是天底下最不幸的人呢？晓岚就曾遇到过这样的一个女人，她足足忍受了3年这样的日子。那时，她在一家货运公司工作，与她坐对桌的女人每天都要抱怨不休。工作中的事，生活中的事，只要是不顺心的事情，她就要没完没了地抱怨，就好像她从不曾经历让人感到快乐和满足的事情，就好像世界上所有的人和事都要和她作对。某次，她因为客户的一点不友善的态度，和整个办公室的人抱怨了整整一下午，翻出了很多旧事，列举了很多客户的罪状，听众们觉得她大有不与该客户一刀两断誓不罢休的想法。可是第二天，部门主管的一句话，她还是不得不继续与客户打交道。晓岚私下里曾笑她：生活维持原貌，抱怨永无休止。"我真不明白她这样做有什么意义。"晓岚说，"谁都有不顺心的事儿，谁都会抱怨，但通常只是说几句发泄一下就完了。可这样的女人，自己没完没了，还害得我们不得不分心去听她唠叨，耽误自己的工作进度。结果，根本什么用处都没有。其实有些状况，她也不是不能改变，可她压根儿就没想去做，只是图嘴上痛快而已，真让人崩溃。"

在喜欢抱怨的女人眼中，很难有顺心事。她们只关心事情无法改变、无法解决的那一面，从不会换个角度想想生活中好的一面，想想自己得到了些什么。而生活的乐趣，也就在这些毫无意义的抱怨中渐渐消失了。

有一个叫菲菲的女人，就是特别喜欢抱怨的类型。她的朋友们从不认为她的生活有多么不如意：拥有一幢普通的房子，虽然不大，但干净、温暖；拥有和睦的家庭，虽然老公不是富翁，但工作稳定，薪水也属中等水平；两人结婚不到两年，仍然过着美好的二人世界；衣食住行都不用发愁，还偶尔出去旅行。即使这样，她的朋友们还是时常能听到她的抱怨。每次相遇，她都要说上半天。抱怨自己的房子不够大，地段不够好；抱怨小区的管理不够到位，物业的工作太糊弄；抱怨上班要坐很久的车，时间都浪费在路上；抱怨男人工作不如别人，多少年也不曾升职，又不肯跳槽。出于礼貌，朋友们不得不停下来等她说上半天，再说几句客套话找借口赶紧溜掉。朋友们私下都说："不知道她老公是如何容忍她的抱怨的，我觉得自己如果与这样的女人生活在一起会被逼疯的。"

其实，换个角度想想，事情根本没有她所说的那样麻烦、那样严重。如果将自己有限的时间和精力浪费在这些无端的抱怨中，什么意义也没有，只会让自己的心情变得烦躁。总想着一件事情的坏处，坏处就会在心里无限放大，到最后连自己都无法容忍，就只好闹到鱼死网破的地步。

一对男女来到一个咖啡厅里。入座后，两人简单要了几样西式甜品，等餐的时候女人便打开了话匣子。两人是在讨论结婚的事。女人在不停地抱怨，关于男人的家世、礼金的多少、婚礼的排场、婚房的大小，等等，似乎所有的事情都不如女人的愿。她对男人说，我朋友嫁得如何如何风光，我家亲戚说婚礼应当如何如何。起初，对面的男人耐心听着，边听边解释着什么。但女人仍然没有停止抱怨的意思，这时男人看上去已经有些烦躁，他脱口而出："既然我什么都不能入你的眼，你嫁给我做什么？"女人一时语塞，但又不甘心失败，回敬说："你以为我多想嫁给你？"接下来的情况可想而知，两人之间随即爆发了一场争吵。

如果两人的婚礼因这次事件而告吹，女人会不会后悔自己的抱怨呢？有时候，女人的抱怨只是一种倾诉和宣泄，并不表示她真的不能接受这些事。可抱怨得太多，就会生出不必要的矛盾，从而因小失大。所以，在抱怨之前，我们可以静下心想一想，自己想要抱怨的事情，真的那么值得抱怨吗？如果不值得，就要适当压制一下怨念，或者转移一下注意力，这样就不会在没完没了的抱怨中迷失自己。

拒绝抱怨的人，会以一颗温柔的心面对生活，会以从容的姿态来看待人生，，看淡那些不值得抱怨的人和事，生活中会多一些从容，少一些烦恼。

如果一味陷在抱怨里，就只能积累越来越多的不满。可不管你有再多的不满，生活都不会因此而改变，人生之路都照样要走下去。是带着快乐的心情走下去，还是带着怨念走下去，哪一种更好？我想更多的人会选择前者。

我们还有什么好抱怨的呢？我们会羡慕那些富人的生活，可是你有没有想过，你平凡的生活会更幸福。有一个幸福的家庭，有体贴的丈夫，可爱的孩子，吃得饱，穿得暖，生活得简单，平淡，又何尝不是一种幸福呢？

放下猜疑，做内心坦然的女人

猜疑，是一种不确定的疑惑，是人性的弱点之一，所以用来形容猜疑的词大都是贬义的，比如神经过敏、捕风捉影、无事生非、无中生有以及听风就是雨等等。仅就女人来说，猜疑心可能更重一些，缘于女性特有的细腻、感性和多愁善感。这就让女人的内心有了充足的水分和养料，来让猜疑生根发芽，破土而出，枝繁叶茂，开花结果。但这果往往不是甜的，而是酸的、涩的，甚至是苦的。

有一段时间，莹莹的老公连续几天晚归，她起了疑心，翻看老公手机。在手机中，莹莹发现老公微信上有两三个让人生疑的女人。她问老公这些女人是谁，老公并没有细看，随口说，是她们自己申请加进来的，彼此没聊过几句，不认识。

听老公这么说，莹莹多了一个心眼，偷偷把那些女人都加入了微信黑名单。她想，如果真如老公所说，这些女人就会永远消失，如果其中哪个有问题，过不了多久，她也许会重新出现在老公微信里。

又过了几天，被疑心折磨着的莹莹重新翻看老公的手机，赫然发现其中删掉的一个女人又出现了。看头像，这个女人是删掉的人中最漂亮的一个。莹莹的醋瓶子打翻了，她记下了这个女人的电话，决定在电话里与那女人聊聊。

电话里，莹莹问那女人是不是认识自己的老公，女人回答是的。她又问那女人对老公的印象，女人回答，他是一个很有能力的男性。

很有能力的男性？什么能力？鬼使神差，疑心病重的莹莹脑子里跳出性能力三个字。这三个字仿佛炸弹，让莹莹顿时失去了理智。接下来，她不容那女人再讲半句话，不分青红皂白把那女人骂了一通。

骂完女人，莹莹并不解气，又拨打老公的电话。电话打到老公的办公室，接电话的正是莹莹刚刚骂过的女人，莹莹吃了一惊。

后来才知道，这女人并不是老公的什么情人，竟是老公单位新来的女上司，人家提到的能力，是工作能力！莹莹的多疑，在老公的单位一时传为了笑话。为这事，同事开了老公好久玩笑。

其实，有些女人的猜疑是伴其一生的。恋爱时总猜疑男友对她是否忠心，时常以约会迟到的方式来考验，问些“你究竟爱我有多深”等着头不着脑的话，让男友回答不上来；再就是看男人是否肯为自己花钱，以此来证明男友对自己爱的程度。结婚前总在想，这个男人可否托付终身，能不能白头到老，我在他心中的分量是几两，我跟他妈有矛盾他会向着谁，他总说“只爱我一个”是真的吗？他婚前的女友究竟是两个还是三个等等。

猜疑的女人从来不觉得自己的猜疑是错的，而且千真万确地坚信不疑。一旦猜疑的目标和主题确定之后，就去为自己的“捕风捉影”罗织证据。就如《列子》中的“疑邻窃斧”者一样，自家的斧子丢了，总怀疑是邻居的儿子偷去了，看其言谈举止、神色仪态无一不是偷斧的样子，从而断定就是他偷的。可是等到从山谷里找到自己的斧子后，再看那邻居的儿子，竟然一点也不像了。女人如果认定老公有外遇，自然也就越看越像，并不遗余力地把自己的假想推定为现实，从而自圆其说，作茧自缚。

阿美和悦明是一对很恩爱的夫妻，他们十年的婚姻生活一直很平静，两人从来没有过争吵，很多人都很羡慕他们和睦的家庭，他们自己也觉得很幸福。

可是，再平静的湖水也会有起涟漪的时候。最近，阿美突然特别关心悦明，悦明的一举一动她都要问得清清楚楚。每天，她都会赶在上班之前、下班之后给悦明打电话。如果有一次悦明没有接电话，阿美便会追问一番，直到得到满意的答案。

起初，悦明并没有在意老婆的用意，只是觉得老婆对自己越来越好了，她的所作所为只不过是在关心自己而已。可是，悦明越是解释得有理有据，阿美越不放心，常常因此心神不宁。悦明问她的时候，她却说没什么，只是一个人在那闷闷不乐，悦明感觉到他们的家庭不像以前那么祥和美满了。

有一天，悦明为了庆祝生意成功，和一个女客户出去喝咖啡，正在这个时候，阿美又给悦明打电话，隐约间听到电话那头有女人的声音，她二话没说就挂了。悦明想着回家再解释吧，可回家之后，阿美已经不在了。

她给悦明留下了一封信，上面写道：“悦明，请原谅我就这么走了。我以为我们可以一起到白头的，但是，最近我常做梦，梦到你被别的女人抢跑了……我一直担心，总是心神不宁的，我对我们的幸福提出了质疑，所以，我每天打电话给你就是想要证实你还在。可是……你还是骗了我。咱们的感情就到此结束吧！我选择退出，不会为难你的，即使多么不舍，多么大的痛苦我都会自己承担……"

悦明看着信和签好字的离婚协议，哭笑不得。他到处打电话，却始终没有找到阿美，最后还是从儿子的口中得到了阿美的住处。当悦明找到阿美的时候，不见了她往日灿烂的笑容，脸上的皱纹也多了几条。悦明心疼地抱着阿美这个让他哭笑不得的傻女人。

这个时候，阿美早已哭成了泪人，悦明帮她擦着泪说：“你什么时候变得这么瞎猜疑、爱吃醋了？她只不过是我们公司的一个客户，我还没有来得及解释，你就挂电话，搞神秘失踪不说，还提出离婚，更可气的是还签上字，弃我于不顾。要不以后我的脸上贴一个标签：有妇之夫，非男勿近？”

阿美终于被悦明逗得破涕为笑，抹着眼泪说：“以后我再也不会胡乱猜疑了，是我最近太忧虑了，那份协议还算数吗？你签字了吗？”

“傻瓜，我才不会像你一样！”悦明爱怜地对阿美说。

生活中有很多像阿美这样的女人，杯弓蛇影地自寻烦恼，女人最容不得感情里含有半粒沙子，她们生气其实不是不爱丈夫了，也不是在“找事”，只是因为缺乏安全感。她闹点别扭也只是想发泄一下，得到丈夫的重视，找回一点安全感而已。这种做法是不对的，有事情就要说出来，夫妻之间就要坦诚，不要一味按照自己的思维走，也不要过分顾虑对方怎么看待自己。只有这样，才会解除心中的忧虑，才不会让婚姻生活伴随着自己的忧虑而出现危机。也只有这样你才会生活得很坦然，不会每天就像一个侦探一样。

猜疑是感情的毒药，如果爱他，就要对他有信心，不要经常去猜疑他，如果动不动就怀疑他，两人之间最起码的信任都失去了，那样还是纯净的爱吗？两人之间的信任是维护感情的基础，如果阿美总是这样，即使悦明再爱她，也会离开她的，因为男人也会累。

在生活中，女人要调整好自己的心态，男人的世界是他的事业，就要到外面去闯荡。所以，作为一个妻子，要多给他自由，让他大展手脚，这样，家庭才会健全和安宁。另外，女人也要尽量抽出时间，主动融入男人的事业圈子，陪他参加一些应酬，主动为男人的女同事、女客户选择礼物，送上问候，与她们进行沟通，这不仅会让那些想入非非的出色女子纷纷却步，同时也助了丈夫事业的一臂之力。这样的女人，才是能够经营好家庭的好女人。

聪明的女人应该明白，生活不是小说，你不是林妹妹，也没有一个总是包容你、哄你开心的贾宝玉，人人都会有烦恼；不是每一天都会快乐，总有那么一刻是不开心的，女人要懂得自己调整自己的心情，你要知道流泪虽然可以排毒，但是忧郁的心情会让你提前衰老，胡乱猜疑更会让你失去理智，甚至变得不可理喻。在生活中，不妨做一个粗枝大叶开开心心的傻女人，幸福不是你获得的多，而是你计较的少。

适应现实，接受生命中的不完美

有这样一个故事：

一位老和尚想从两个徒弟中选一个做衣钵传人。一天，老和尚对徒弟说，你们出去给我拣一片最完美的树叶。两个徒弟遵命而去。时间不久，大徒弟回来了，递给师傅一片并不漂亮的树叶，对师傅说，这片树叶虽然并不完美，但它是我看到的最完整的树叶。二徒弟在外面转了半天，最终却空手而归，他对师傅说，我见到了很多很多的树叶，但怎么也挑不出一片最完美的……最后，老和尚把衣钵传给了大徒弟。

“拣一片最完美的树叶”，人们的初衷总是美好的，但是如果不切合实际地一味找下去，最终往往只会吃尽苦头，直到这一天你才会明白：为了寻求一片最完美的树叶，而失去许多机会是多么的得不偿失。况且人生中最完美的树叶又有多少呢？世间的许多悲剧，正是因为一些人热衷于追求虚无缥缈的最完美的树叶，而忽视平淡的生活，其实平淡中往往也蕴含着许多伟大与神奇，关键是你以什么样的态度去面对它。

要知道，鲜花不是因为芬芳而圆满，而是因为既有芬芳又有凋谢才圆满；彩虹不是因为绚丽而圆满，而是因为经历了风雨终现缤纷的色彩才圆满，这个世界本就不完美，如果苛求尽善尽美只会给自己平添烦恼。

因此，很多女人的烦恼不是来自于对“美”的追求，而是来自于对“完美”的追求。由于刻意追求完美，她们不能容忍缺陷的存在，结果，经常一点小小的缺陷，就可能遮蔽住自己审美的眼睛，使自己的目光滞留在缺陷上，而忽略了周围其他的美好之处，以致错过了许多美好的东西。

有一个女人，她一心艳羡着别人光鲜的外表，为自己的欠缺耿耿于怀；期盼着遇到一个无可挑剔的爱人，对不符想象的示爱者视而不见；抱怨着无论怎样的努力和付出，却都难以实现内心的愿望……这样的生活过了十年，她终日沉浸在抱怨、懊恼、失落和疲惫的状态里，不知所措。

直到有一天，多年来倾心于她、对她百般包容的男人，给她讲起“沙漠教父”的故事——

“公元三四世纪，埃及的沙漠里生活着这样一群人：他们情愿放弃繁华闹市的生活，隐居在沙漠里，过着艰苦的生活；他们以草为食，一禁食就是几个星期；他们一连几天把自己捆绑在石头上，直到筋疲力尽为止。你一定想问，他们到底是什么人？想做什么？

“那是一群寻求人生真谛的人，他们有一个非常响亮的名称，叫作‘沙漠教父’。他们就跟中国隐居深山的苦行僧一样，通过受苦受难的感受，体会人生的不完美。他们告诉世人：因为人不完美，所以很多事都无法掌控；因为人不完美，所以会犯各种各样的错误；因为人不完美，所以前行的道路上总是困难重重。只有接纳了不完美，心灵才能轻松自由，才能从痛苦中找到快乐，从荒谬中找到真谛，从喧嚣中找到宁静，从黑暗中找到光明。"

生活中像这样的女人有很多。她们有的追求工作上的完美，永远只能第一，不能第二；有的追求人际关系上的完美，希望所有的人都能喜爱自己，容不得别人对自己有半点不满，也容不得别人有闪失和错误；有的追求生活上的完美，无论吃饭、穿衣，每个细节都要考虑再三；有的追求婚姻上的完美，梦想着自己可以演绎王子和公主的完美童话。所以，当她们在步入婚姻殿堂的时候有过很多的完美设想，可是就算是童话的结尾也只说：王子和公主从此以后过着幸福的生活。而幸福生活是什么样子呢？没有人告诉我们。

这个世界上有很多女人崇尚完美婚姻。她们从一开始就给自己编织了一个不可能实现的梦，抱着一副不达完美誓不罢休的态度，向对方提出各种苛刻的要求。或许，男人在恋爱时会对她百依百顺，而在日后平淡的婚姻生活中却开始倦怠，然后产生摩擦和矛盾。这就是一味追求爱情的完美境界所造成的苦果。

刘亦秋从美国留学回来时才26岁，正是女人的大好年华，因为有"海归"的头衔，国内的知名企业纷纷向她抛来橄榄枝。然而，她的男友只是一所中学的老师，月薪才几千元。也许是年少时候不知道生活的艰辛，爱情打败了现实，刘亦秋不顾世俗的反对，嫁给了一文不名的男友。

刚结婚的时候，刘亦秋觉得钱没有夫妻俩可以挣，而感情是买不来的，只要丈夫对自己好，让她有踏实的感觉，那就是最幸福的事了。

可是，这样的幸福没有持续多久，随着年龄和身份的不断变化，对这个社会的认知越来越深，刘亦秋也逐渐变得现实起来，她越来越觉得自己的老公与平时工作中接触的那些风度翩翩的男士简直没法比较。自己的老公说好听了是清高，实际上是穷酸，她有点后悔自己当初的选择幼稚而不切实际了，有了这样的变化后，她越看老公越不顺眼，在不断地抱怨中，她感到自己再也没有享受过幸福的感觉了。

我们身边，也有很多像刘亦秋这样的女人，在揭掉爱情这层神秘的面纱之后，总在抱怨另一半的种种不是，殊不知，这样做，我们自己不快乐，也给了对方很多压力。对于婚姻，保留一份完美的憧憬是好的，但是在憧憬向往过后，还要回归现实当中。因为生活的本身是不完美的，过于追求完美的婚姻，会因为始终达不到自己的目标而感到失望，失望中人会变得消沉、焦躁，无端生出对生命的抱怨，这些坏情绪将更加影响夫妻间的感情，感情生活只会越来越糟糕。

人活一世，花开一季，每个女人都希望这一生了无遗憾，做每一件事都是正确的，平坦顺利地达到自己预期的目的。可惜，这只是一种美好的幻想。人生或多或少都会有缺憾，正是这种有些许缺憾的人生，才是真正的人生。就像法国诗人博纳富瓦说的那样："生活中无完美，也不需要完美。"面对人生的缺憾，面对五味陈杂，女人唯一能够做的，就是接受它，悦纳它。

曾在某篇文章中读到过这样一段话："做任何事，我们要尽力而为，但不能责

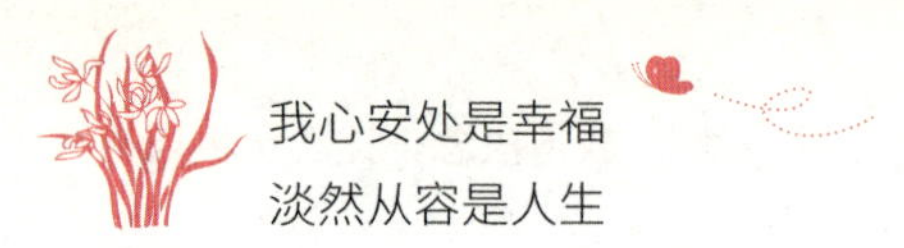

己太苛，责人太过。只要顺其自然，就是最好的结果。金无足赤，不影响它的纯度；太阳有黑子，不影响它的灿烂；伟人有缺点，不影响他的高大形象。因为，所谓的十全十美，只是我们的美好愿望，而有温暖的阳光，有轻柔的微风，有明朗的月光，才是人生最真实而美丽的风景。”

但愿，每个女人都能真正明白它的真意，不再为了生命里的瑕疵而沉溺于消极。因为不完美的人、事贯穿了漫长的人生路，无论你走到哪一段，都不可避免地会与之相遇。遇到生活中不完美，你不要去理会它，继续走你的路。当你学会了悦纳不完美的生活，你会惊喜地发现：人生很美，而你更美。

我们追求的所谓完美，在很多时候只是一种错觉而已，它只会扰乱我们的视线，使我们脱离现实。因此，对于那些想要获得幸福的完美主义女人来说，培养一种“不完美主义”是解决问题的关键。

| 第二章 |

活得洒脱，过自己喜欢的生活

我们常听到一些女人这样感慨：“好累呀！好烦呀！”她们羡慕那些看起来永远都是从容惬意的女人，认为这些幸运的女人从来遇不到烦心事。事实是这样吗？当然不是这样，麻烦其实无处不在，问题是你要懂得如何生活。从容的女人活得洒脱，知道为自己认真过好每一天，为自己全力以赴地去做好每一件事。这样的女人身上有一种淡定和从容，她们的生活也许波澜不惊，但她们是美丽的、洒脱的、快乐的。

找回自我，活成自己喜欢的样子

女人常常会被问到这样的问题：“你最喜欢谁？”

“男友”、“老公”、“爸妈”、“孩子”……答案虽不相同，但大多数是第三人称，很少有人用第一人称“我”作为答案的。

我最喜欢我？如果这样回答会不会有自恋之嫌？完全不必担心，因为“我”才是自己生命的主宰，认识自己、活出自己，才能拥有精彩的、无悔的人生！

在一个风雨交加的下午，一个女人跌跌撞撞地走进了一家心理咨询诊所。如果你仔细观察这个女人，会感到非常奇怪。

这个女人大概20多岁，面容姣好，衣着华丽，拎着一款名牌手包，身上佩戴的首饰一看就是出自名设计师之手，打扮得非常时尚、讲究。

按理说这样一个女人应该举止端庄、优雅，可是她却一脸的憔悴，双眉紧皱，嘴唇发白，好像快要哭出来了，走路也踉踉跄跄的，像得了一场大病。

这个女人径自推开一间诊室的门就走了进去，根本顾不得身后的护士冲她喊“小姐，你预约了吗？”。

诊室里坐着一位心理医生，他抬头看了看闯进来的女人，示意护士不要拦她。

那个女人在医生面前的椅子上坐了下来，神情恍惚，用很迷茫的语气对医生说：“对不起，我知道我没有预约，但我必须找个人说说话，否则我就要从楼下跳下去了。”

医生示意她不要紧张，用很温和的语气问：“我很愿意听你说话，能告诉我发生了什么事情吗？”

女人深吸了一口气，然后开始述说：“我觉得自己要崩溃了，我的事业遇到了很大的难题，几乎让我倾家荡产，男朋友在这个时候却要离我而去。我真是失败，这么大了还令爸妈伤心，朋友们也跟着操心。”

医生看着她问：“就因为这样，所以你觉得自己很失败，甚至要跳楼？”

“你不了解，”女人望着医生摇了摇头，“我从小就是个好学生，爸妈以我为荣，老师为我骄傲，同学们都很羡慕我，可是现在，我让所有的人失望，连他们的眼睛都不敢看。”

听到这里，医生说：“从你进门到现在，你一直在强调别人对你如何失望、如何伤心，那你呢？你对自己怎么看呢？”

“我？我是一个令所有人失望的人。”女人沮丧地说。

“不对，这仍然是别人的看法，‘所有人失望’是别人的感受，而不是你对自己的看法，我想知道你对自己是如何看的。”

“这有什么不同？我令人失望，这就是我对自己的看法。”女人一脸的茫然，想不清楚这其中的分别。

医生微笑着看着她说：“好了，我们暂时不去讨论这个问题，现在你告诉我，有没有什么办法能使这种糟糕的情况改变？”

女人皱着眉想了想，然后摇摇头说：“没有了，我现在除了身上的这套穿戴之外已经再没有一点值钱的东西，连车子也已经卖了抵债，谁愿意帮助一个这样落魄的女人呢？大家唯恐我向他们借钱，躲都躲不及。谁能帮帮我？人们常常说遇事有贵人相助，可是我的贵人在哪呢？”

女人这样说的时候，情绪十分激动，好像马上就要崩溃的样子。

医生听到这里，想了想说：“虽然我没有办法切实地给你什么帮助，但如果你愿意的话，我可以介绍你见一个人，她可以帮助你还清债务，东山再起，让所有人对你刮目相看。”

“真的吗？”女人听了这话眼前一亮，但她不敢相信这个事实，用疑惑又期待的眼神看着医生。

“当然是真的，跟我来！”医生站起身来，带着这个女人走出了门诊室，穿过楼道的走廊，来到另一间屋子。

这是一间空屋子，除了墙上挂了一面大镜子外什么也没有。女人疑惑地问：“您说的那个能帮助我的人在哪呢？”

医生请女人站到墙上挂的那面镜子前，镜子中立刻映出了女人憔悴的身影。他指了指镜子说：“就是这个人。在这个世界上，只有一个人能让你重整旗鼓，就是她！当然，在她帮助你之前，你必须要彻底地了解她、认识她，就当作你以前从未见过她一样。你必须知道她真正在想什么、要什么、能做些什么。如果你不能对这个人做充分而彻底的认识，那么很抱歉，真的再没

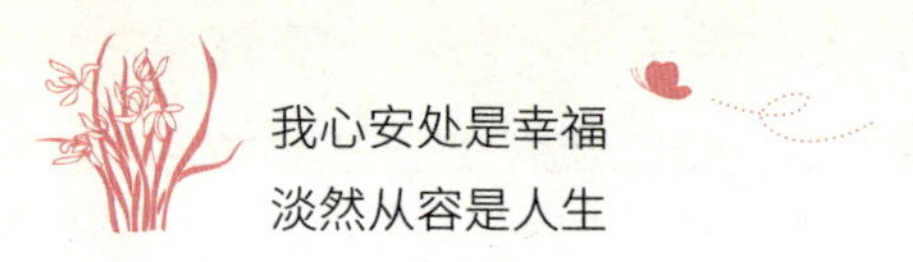

有人能够帮助你了。”

女人听了这话有些愣住了，她缓缓地朝着镜子走了几步，慢慢地伸出手，去触摸镜子里的脸，并对着镜子里的人从头到脚地仔细打量起来。几分钟后她缩回手，摸了摸自己的脸，然后后退了几步，突然大哭起来。

医生不去管她，任由她痛哭着，发泄着。

当女人痛哭完毕，走出心理咨询诊所的大门时，虽然仍旧难掩憔悴，但精神显然振奋了很多，她对医生说：“谢谢您介绍我认识了那个可以帮助我的人，我想会了解她的。”

一转眼半年过去了，那个女人又一次来到这家心理咨询室，仍然找到了那位医生。

医生已经不认得她了，因为她的样子完全变了：衣着虽然没有以前华丽，但是整洁干净，搭配巧妙，最重要的是她的精神状态大不一样了，原来那种茫然、憔悴、失落的神情已经丝毫不见了，取而代之的是充满自信的阳光般灿烂的笑容。

女人微笑着对医生说：“今天来是谢谢您，您让我重新认识了自己，意识到了自己的独立性。我已经重新振作起来了，现在的事业虽然还没有恢复到最理想的状态，但基本已经还完了债务，我相信会越来越好的。”

医生也很为她高兴，但又问：“你真的彻底认识了自己吗？”

女人想了想回答说：“我不敢说彻底地认识，只是每一天都去审视自己，聆听自己的心声，重视自己的想法，我想我不会再强调别人重要而忽视了自己的力量了。”

医生点了点头，意味深长地说：“要记住，在这个世界上，先有了‘我’才有你和他！”

这并不是一个虚构的小说情节，每个人在这个故事中都或多或少会看到自己的影子。就好比这个女人，总是活在别人的眼光中，做别人期望的事，做别人喜欢的人，却没有问过自己真正想要什么，想成为什么样的人。当她遇到失败后，又向外寻求别人的帮助，企图依靠外界的力量站起来。

其实，大可不必这样。你的价值，不能由他人来评定和证实，不管在什么环境下，你坚信自己是对的、好的，那就行了。因为，无论别人怎样说你，你依然还得做自己，不是吗？生活是自己的，你有权利选择怎样的生活方式。按照自己喜欢的、舒适的方式生活，超脱心灵的枷锁，才是幸福的意义。

一位《华尔街日报》中文网的女主编，没房，没车，没爱情。她对同事说，像她这样的女人，若是生活在家乡，简直太失败了。我没有房子、没有车、没有老公、也没有孩子，这么大的年纪了，似乎一无所有。可实际上呢？我觉得自己过得挺好的，所以我也不在意他们怎么说，怎么看。

不少人羡慕她的洒脱，问及如何才能做到不受别人评价的左右，她说：“其实很简单，只需要牢牢记住一句话，‘你是活给自己看的’”。

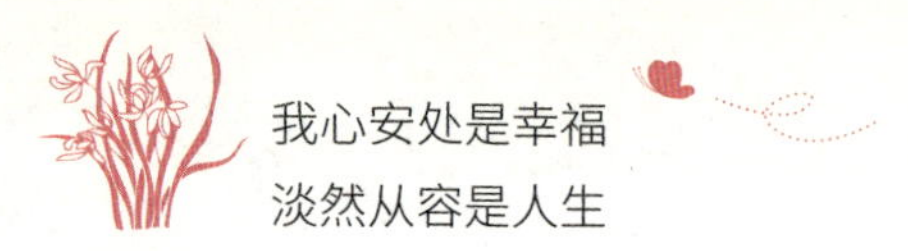

白岩松说：“行走在人群中，我们总是感觉有无数穿心掠肺的目光，有很多飞短流长的冷言，最终乱了心神，渐渐被缚于自己编织的一团乱麻中。其实你是活给自己看的，没有多少人能够把你留在心上。”亦舒在《忽而今夏》中说：“何必向不值得的人证明什么，活得更好乃是为你自己。”

是啊！何必在意他人的目光，你是活给自己看的；何须向不值得的人证明什么，活得更好乃是为你自己。

姐妹们，如果你还在把全副身心都放在别人身上，请从这一刻开始，调转目光看看自己，只有找回你自己，你会发现这个世界因为有“我”而更加美丽！

生活如人饮水，终究是自己的一种感受。你若喜欢，就努力追寻；你若开心，就别管他人的目光。始终记得，你是活给自己看的。不必为了生活讨好谁，不必为了羡慕而成为谁，你就是你，独一无二，做最真实而珍贵的自己，就是最美的女人。

敢于说“不”，作出自己生命的决定

当很多女人还是女孩时，就已经开始了这样的生活：上父母为自己选择的兴趣班，读父母为自己挑选的专业。当她们长大后，按照父母的意愿找工作、挑选男朋友，甚至连婚礼的方式都要父母来做主。

如果问她们为什么不会说“不”，坚定的按自己的想法去生活时，多半会得到这样的回答：“父母希望我是这样的，也是为我好，否则的话他们会不高兴。”

真是个听话懂事的乖乖女，可是这样的生活能够让你感到真正的快乐吗？能够不使你留下遗憾吗？能够抑制住你的想法及爱好吗？能够使你心甘情愿地如此终了一生吗？

面对这些直触心底的问题，恐怕很多女人都不能信誓旦旦地回答“能”。

晓晓是个众人眼中的天之骄女，她自小就才华横溢，不但学习成绩总是名列前茅，而且还弹得一手好钢琴。大学毕业后，她进入一家房地产公司，做了一名营销顾问。她本身的才华再加上房地产业的红火，才几年的功夫，就让她拥有了千万身家，并和一位富家公子恋爱了。

想想看，一个才20多岁的女人，依靠自己的实力，披金戴银，有了跑车、洋房、存款，跻身上流社会，和白马王子出双入对，这简直是天堂般的生活，多么令人羡慕啊！可是突然有一天，发生了一个爆炸性的新闻：晓晓自杀了！

万幸的是，晓晓没有死，被医生救活了。当朋友们听说这件事后，谁也不敢相信自己的耳朵。这样一个被光环包围着的女人怎么会自杀呢？

就在晓晓还躺在病床上没有清醒过来的时候，她的父母一边哭着一边读了她的遗书和她从小到大都记着的日记。

晓晓的遗书是这样写的：

“也许在别人眼中我是一个成功的、幸福的女人，但我却从未感到过快乐，哪怕仅是一天的快乐……在别人面前，我漂亮、自信、果断、成熟，可有谁知道我其实很孤独、很无助、很茫然……男朋友和我分手了，理由是性格不合。他说我太没有主见，什么事都听他的，他不喜欢这样的女人。没有主见？是的，我的确是这样的。从小到大，我都活在父母的要求和安排中，他们想要我做什么我就做什么。长大后，我仍然按照他们的期望选择自己的工作和恋人。面对心爱的男朋友，我仍然习惯事事寻求他的意见……如果要我给自己的一生写句评语，我想只能写：‘别人想要的我都有，可我想要的却一样都没有。’是的，我就是这样一个人，永远活在别人的期望中，没做过一天自己。”

而在晓晓的日记中，父母看到了这样几篇：

“某月某日艳阳天

真令人沮丧！学校开展兴趣辅导班，我兴冲冲地报了图画班，没想到爸妈不同意，还背着我去学校帮我改成了钢琴班。他们说学画画有什么好，钢琴才能陶冶情操。可我只喜欢画画，我想将来当一名设计师。唉，别想了，他们不会同意的。我又没能争取到自己想要做的事情，真是一点意思也没有！”

“某月某日小雨

今天是高考填志愿的日子，又和爸妈大吵了一架。我想报考美术系，可是他们一定要我学市场营销或金融，说那样才有前途，学个破美术将来能干什么？没准要流落街头给人画像。算了，让他们去填吧，我不争了。十几年来一直是这样，我永远只能做他们期望的事。”

“某月某日多云

今天本来是很高兴的一天，有一家设计公司肯让我去做设计助理，虽然我学的不是相关专业，但总算离自己的梦想近了一步。可是爸爸知道后非常生气，他说我没有上进心，还说如果我去设计公司上班就再也不要进家门一步。我早该知道会有这样的结果，我真傻，竟然以为能够按照自己的想法发展！”

“某月某日晴

今天爸妈很开心，因为我挣到了人生的第一个100万。这对于同龄的女孩来说是根本无法办到的。爸爸得意地说要不是当初他执意要我从事房地产行业，根本不会有这样的成就。我真的应该高兴，可真的高兴不起来，这是

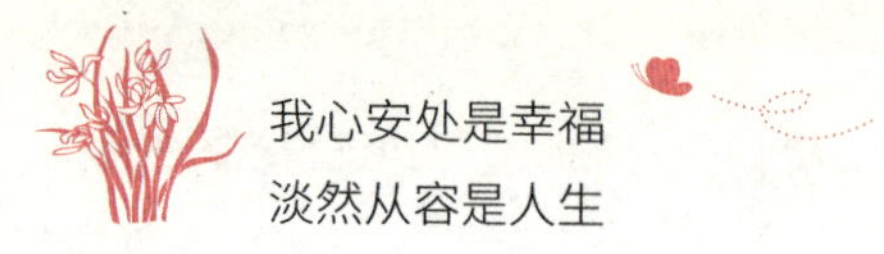

我想要的吗？100万！100万？100万……"

当看完晓晓的遗书和日记后，父母悔恨不已，他们万没想到自己的期望与要求会给女儿带来这样大的伤害。

当晓晓苏醒后，父母老泪纵横地拉着女儿的手说："孩子，我们错了。从现在开始，你去做你想做的事，成为你想成为的人。"

躺在病床上的晓晓虽然还很虚弱，但脸上却露出了释然的笑容。从此，房地产界少了一个年轻漂亮的女精英，但世界上却多了一个找到自我的快乐女人。

虽然大部分女人都没有像晓晓一样有这样过激的举动，但却都像她一样或多或少地活在他人的期望中。当他人的期望与自己的理想有所冲突时，很多女人都会选择放弃后者，成全前者。

也许你会说："我希望让别人高兴，不想让他们对我不认同或失望。这样做有什么不对吗？让别人感到高兴或满意是一种很高尚的想法，的确没错，但绝不能丧失原则。这个原则就是自我！

当你抛弃了自我一味地去满足别人时，就会使人生迷失方向，内心也不会快乐。长此以往，你会变得压抑、迷茫与焦虑，总有一天会找到突破点爆发出来，就好像前面故事中提到的晓晓那样，失恋并不是导致她自杀的直接原因，只不过是一个情绪爆发的触点，当长期迷失自我的压抑有了这样一个触点后，就会导致人的心理崩溃，做出一些极端的事。

试想一下，到了那个时候，你周围的人还会感到快乐和满意吗？

聪明又善良的女人，你可以为别人的期望而努力，让别人感到满意，但千万不能受制于别人的期望，尤其是当自己的理想和别人的想法南辕北辙时，更要冷静地思考，全面分析自己，不要让别人的大脑代替自己的大脑。只有这样你才不会在总结自己的一生时惊呼：我这一生的光阴都是在为了别人而活！

人生最可怕的事，就是一边后悔一边生活

一天，在微博的私信中，我看到一位女士很长的留言，大意是说自己这几年做错了很多事，现在非常后悔，每当想到这些，内心相当自责，恨不得想重新投胎，再活一回。

“后悔”，这可能是我们每个人都会承受的一件事情，但是，你不能一直做一些烂事然后后悔，就好像后悔有用一样。

后悔本身就是一种无法偿还的代价。哪怕你后悔到睡着，第二天一早你还是得面对闹钟响起，刷牙洗脸挤地铁打卡上班。哪怕再给你一次机会，你还是会做同样的选择，走同样的路。

在经济学中有个理论叫作：沉没成本。指已经付出且不可收回的成本。比如说你乘火车旅行，到了车站发现票不见了，这个时候你要做的是去重新买一张，而不是回头去找。从这个举例延伸到一个人该不该执念于后悔这件事，同样说得过去。

有句话是说，成长的痛苦，比后悔的痛苦要好得多。人这一生本身就是一条单行线，由于自己种种原因，对一些事情感到后悔也无可厚非。在这个过程里，人与人的差别就在于，回想往事的时候会有两个方向，一个是在后悔，一个是在反省。反省过程中是带有教训、经验在里面，而后悔可能就只有自责和怨恨，甚至是沉迷后悔踌躇不前。

而一个人，怕就怕在一边后悔一边生活。

随着时光的流逝，过往会被一点点地封印起来。那些走过的路，经过的事，犯过的错，爱过或者恨过的人，都会被打上各自的烙印，而后分门别类地存放进特定的收纳箱里。想要重新回味时，只能从里面取出来欣赏和回忆，却没有办法再回去。

但显然，我们都不甘心、不满足于只能与过往相对而视，不能靠近或者改变。

1895 年，传奇科幻小说家威尔斯写下了举世瞩目的《时光机器》。在那个年代，他曾被人们称作“可以看到未来的人”。人们相信，时光机器是可以实现的。从那以后，时光的转换就成了小说家们热衷的元素。而对于某些 70 后和 80 后来说，承载着梦想的时光机就要属日本知名漫画故事《哆啦 A 梦》里的那台常用道具。那时候，是真的很羡慕故事里的男主角大雄能拥有一只功能强大的小叮当。也想过，如果自己拥有一台时光机，会用来做什么。后来发觉，不同时期，想法是不同的。小时候想要奔向未来，想知道自己以后究竟会变成什么样子。可年纪逐渐增长之后，就会越来越想回到过去。想找回过去的简单和快乐，想改变自己的选择，想纠正自己的错误，想消除曾经的尴尬，想把错过的那个人找回来。

时光机当然不会真的存在，所以那些过往只能定格在原地，再也没有办法改变。如若不肯承认这一点，就只能活在幻想中。而活在幻想中的人，又如何以正确的姿态向前走呢？

有一个女孩，因为一些事情让她无法释怀，涉及成长环境、家庭、朋友

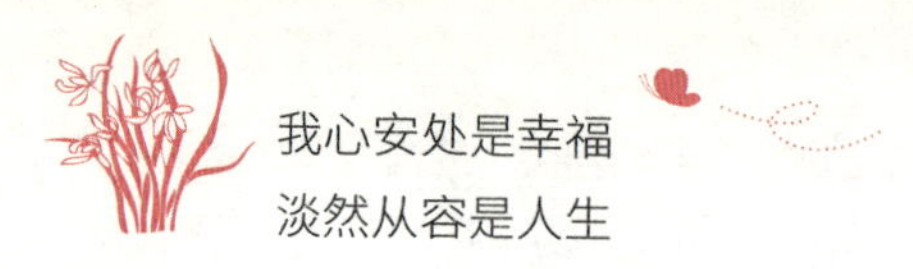

和爱过的人。她总是在想，如果过去不那样选择或者不那样做，就不会有现在的结果。渐渐地，她不喜欢现在的生活方式，不喜欢现在的工作，不喜欢周围的人，觉得现在生活中所有的负面因素都是以前造成的。如此过度地沉浸在过往中，使她的生活受到了很严重的影响，对现实中的一切似乎都提不起兴趣。

“我真的不知道该怎么办才好。”她对朋友说：“我也知道这样不行，过去的事已经过去了，没办法再改变，但我就是不能控制自己去想。而且一旦想起来，就会长时间走不出来，会影响我做其他的事。”朋友说，你举一个例子，说一说有什么样的事是你过去想做，却没做成，因而才会至今还放不下的。

她想了想，说过去总是向往自由，想到处旅行，一直没能实现，觉得自己没能好好利用青春的时间，很后悔。而且那时候，家人也不支持，不像现在的孩子，很小的时候就有机会出去看世界。

朋友说，那你不如利用假期的时间出去旅行。其实并不难，只要勇敢地迈出步子。去实现一个过去没有实现的愿望，也算是对过去的祭奠吧。

几个月之后，她申请休年假，又额外请了几天假，并为外出旅行做了详细的规划。这一次，是很认真地走出去的，去到自己梦想中的地方。一路上，她与朋友保持联络，告诉朋友当地的风土人情和精美的风景，也有些地方并不像自己想象得那么美丽诱人。20天的时间，品尝了喜悦、失望和艰辛。回来的时候，她说“回家真好”。

通过这次旅程，她终于明白，对于过往的纠结是没有意义的事情。当初没能选择的，当初没有做到的，如果真的做了，也不会使现在的生活改变多少。就像一直期盼的远行，真的去实现了，才发觉还是会想念属于自己的城市和生活。

人生都不可避免地会积累很多无法释怀的过往，而有时候，过往的诱惑力要远大于现在或者将来。因为它不可改变，因为它再也无法触碰。就像人们通常所说的，越是得不到的东西就越想去得到。而事实上，得到与否真的已经不再重要了。

《如果·爱》里有句话：过去唯一的用处，就是让我不再想回到过去。当我们能够意识到过往的本质，就会发现过去真的没有什么值得留恋。也许真的丢掉了很多，错过了很多，可同时也获得了很多。命运给予我们的不只有缺失，还有得到和惊喜。有了过往做铺垫，才会拥有属于自己的现在和未来。

所以，不要再沉迷在过往里，它已经被时间牢牢地锁住了，只留下记忆的碎片。如果放不开过往，就等于是将自己也锁进了牢笼，停滞不前的结果就只能让自己沉沦在时间的流逝里，拖着一副皮囊，行尸走肉般地活着，又是何苦。

女人的情怀就像发丝一样细腻、柔软，因而要特别具备摆脱牢笼的能力，才能不被过往所牵绊，勇往直前地走。

心灵箴言 proverbs

人生的最高境界，不过“不后悔”三个字而已。永远只为自己没有做过的事情后悔，而不要为自己做过的事情后悔。人生每一步行走，都是要付出代价的。每个人得到一些自己想要的，也会失去一些自己不想失去的。可这世上的芸芸众生，谁又不是这样呢？事无所祈，心有坚毅，尽量的快乐，才是人生的真义。

欣赏自己，学会给自己鼓掌

有一位自称“菲姊”的台湾女主持人很受观众的喜欢。其主持风格十分特别，她给观众最深刻的印象是：自得其乐。在节目中，她总是一边煮菜，一边摇动着曼妙的身体，口中自言自语地念叨着：“你看，很简单哦！好厉害喔！这么快就煮好一道菜。真香耶，好好吃喔！”

这位女主持人很少访问别人，在大家的印象中好像也不曾找任何有名的厨师到节目中来教人做菜，而是一个人从头撑到底，却把半个钟头的节目做得有声有色、唱作俱佳。

孤军奋战是“菲姊”主持节目的特色之一，但更精彩的是她一手营造的气氛，小小的单人厨房，充满幸福的喜悦。她是怎么做到呢？那就是自我激励。她口中反复念叨的“你看，很简单哦！好厉害喔！这么快就煮好一道菜。真香耶，好好吃喔！”就像魔咒一般，激发了自己努力向上的潜能，同时也感染了电视机前的每一位观众。

自我激励，为自己鼓掌喝彩，就是尊重自己的价值，让自己在无情的竞争中获得一份温情。也许你是一只烧制失败、一经出世就遭冷落的瓷器，没有凝脂般的釉色，没有精致的花纹，无法被人藏于香阁。可是，当你摒弃杂质，由一个泥坯变成一件

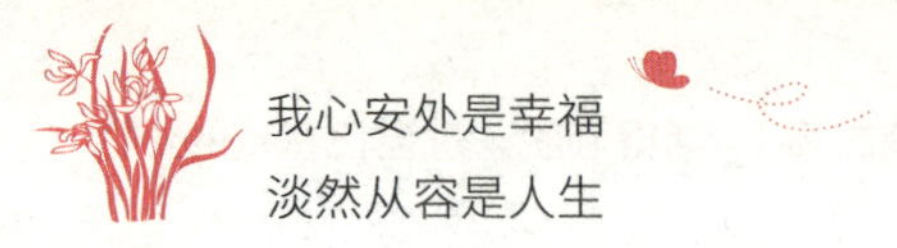

瓷器的时候，你的生命就已经在烈火中变得灼人而又亮丽，你就应该为此感到欣慰！

生活中，或工作中，我们都应多给自己一点掌声。能够自我欣赏的人，随时都可以帮助自己加油打气，就算是一时处于生命的谷底，也能培养积极向上的勇气。

有些女人活着仅仅只会欣赏别人，而不会欣赏自己。其实，自己也和别人一样，有着属于自己的一片风景与天空，寒来暑往，甚至还有别人所未曾拥有过的一朵花，一阵鸟鸣……欣赏一下自己吧！此时的你就会发现，天空一样高远，大地一样宽广，平凡的你也有属于自己美丽的风景。正如书上说的“人生就像一幅画，而时间就像是画笔，当你每走一步，时间就在你身上画一道色彩，等你走完了一生，一幅绚丽的风景也就制作成功了”。

萧然一直热衷于对事业的追求，最近，她发现自己与丈夫的距离已经那么遥远。丈夫最近的行踪很神秘，对自己的态度也很冷淡，偶尔还会夜不归宿。这些对于结婚十五年了的萧然来说，无疑是拉响了婚姻警报。

他们的女儿已经上中学了，她选择的那所学校是可以住校的。而他们夫妻俩也都有自己的工作要忙，于是，一家人只能在周末的时候才能团聚。萧然不再把大部分时间花在工作上，也开始暗地里留意丈夫的行踪。

终于有一天，她知道了丈夫的秘密。那是个周五的傍晚，提前结束工作的萧然比平时早一个小时回到家。在门口的拐弯处，拿出钱包正要付打车费的萧然，恰好瞧见丈夫的车慢慢从家门口驶了出去，好奇心唆使她叮嘱出租车司机跟了上去。

丈夫的车停在了西餐厅门口的停车场，人则进了那家西餐厅，萧然也紧跟着下车走了进去。令她震惊的一幕出现了，丈夫正与一个比自己年轻的女孩子约会，那女孩儿的年龄看起来还不到二十五岁。

萧然还是不愿意相信自己的眼睛，她强迫自己先镇定下来，找了离他们较近的不起眼的位置坐下。也许丈夫此时并不是自己心里想的那样呢？也许他们正在谈工作上的事情呢？萧然的心里五味杂陈。但他们像所有情人间的那种亲昵的表情和温情的话语，让她陷入了近乎崩溃的边缘。

丈夫竟然在与自己结婚十五年以后背叛了自己，但她没有像其他女人那样暴跳如雷。虽然自己很生气，也很愤怒。但还是在丈夫发现自己之前，冷静地离开了西餐厅。她还不想捅破这层窗户纸，她觉得丈夫还没有绝情到舍弃家庭的地步。

回到家的萧然陷入了痛苦的情绪中。很显然，丈夫出轨的情况不是一天两天的时间造成的。萧然觉得造成这种情况，自己有很大一部分责任。她总是忙碌于事业，对丈夫的关注与体贴太少了。尤其是女儿住校以后，她几乎把所有的热情都投入到了工作当中，与丈夫沟通的时间少得可怜。

她决定挽回自己的婚姻，挽回他们这么多年的感情。她不再那么狂热地对待工作，而是拿出一定的时间修饰自己，操持家务。偶尔还会打电话给丈夫让他下班后早点回家，然后自己再奉上一顿烛光晚餐，享受一下他们的二人世界。虽然她知道丈夫的心，一部分已经分给了别的女人。但她对自己很自信，她知道自己的魅力在哪里，也会巧妙地去运用它。

虽然岁月的年轮在她脸上多多少少留下了一些痕迹，但她从不认为自己已经人老珠黄。她很欣赏自己这个年龄当中所散发出来的气质和成熟女人才有的韵味。

丈夫也感应到了她最近的改变，欣喜的同时也伴着惆怅不安。萧然并没有期望他的心这么快就能回到她的身上，毕竟这种情况也不是一日的荒芜造成的。她继续用她爱的行动去感化丈夫。周末的时候，一家三人会去大海边走一走，去大自然里野炊，让浓浓亲情的味道时常萦绕在丈夫身边。她知道女儿是维系这个家的很重要的一条纽带，这一点是毋庸置疑的，她坚信丈夫对女儿的爱。

在一个星光闪烁着的夜晚，丈夫终于忍不住对萧然和盘托出了自己移情别恋的事情。但他说自己和那个女孩儿并没有发展到肉体上的出轨。萧然说自己早就知道这件事情了，并对自己以前对丈夫的冷落作了检讨，说自己以后会好好体贴他，好好维护他们的这个家。

丈夫感到很羞愧，想不到自己的妻子会这样宽宏大量地对待自己出轨的事情，他主动与女孩提出了分手。萧然就这样不声不响地拉回了丈夫即将偏离方向的心，保住了一个要破裂的家。是她的自信、她的修养赢得了这场胜利。这样的女人才是一个真正有品位的、懂得自我欣赏的女人。

懂得欣赏自己的女人是一个非常自信的女人，她的身上会飘出独特的香味。这是一种浓情女人味，一种淡淡女人香。外表漂亮的女人不一定有这种味道，有味道的女人却一定很美，因为她懂得“万绿丛中一点红，动人春色不需多”的规则。具有自信的女人会凭借自己的一举一动，一颦一笑之优势，尽现自身独特的魅力。

自我欣赏绝不是自恋，它是由理智、客观地对自己的认识、了解的基础上引发出来的自信。而这种自信心会使女人在为人处事上从容大度，不陷入世俗的漩涡中。

能欣赏自我的女人，大多受过良好的教育，聪明灵慧，她们出类拔萃，既不会盲目自卑，更不会盲目更大。

懂得自我欣赏的女人光彩照人，落落大方，但灿烂的笑里仍有一股凛然高贵的气息，让男人们仰慕的同时又有些敬畏。

女人要自我欣赏，但绝不能自以为是，盲目自我崇拜，那样比自卑的女人更可怕。一个真正的高贵女人，仅仅拥有外表的高雅是远远不够的，它更需要坚实的文化修养做后盾。现在，受过高等教育的女人越来越多，但几年的高等教育不等于可以吃一辈子老底。社会知识更新越来越快，如果不及时加强营养，你很快就会变成一个营养不良的“枯萎了”的女人。

摄取营养的方式多种多样，不只是单纯地看书、学习。比如浏览网页、与人交流，欣赏一部出名的电影，经常翻阅一些出色的时尚杂志，学学交际和各种乐器等等。只有不断提高自身的素质，女人才能在炫丽的生活中游刃有余，潇洒自如。生活也将因此更加丰富多彩。

每个人都是一只水晶球，晶莹闪烁，然而一旦遭到不测或挫折，或许有的人就会让自己在黑夜中悄悄消殒，但是，欣赏和肯定自己的人不会放逐自己，她会将世界五颜六色的光折射到自己的生命的各个角落来遮住暗淡和悲伤，坦然面对一切，心跟着美丽，生活也跟着焕然一新，快乐不也就来了吗？

学会欣赏自己，让我们都做幸福的女人、美丽的女人、快乐的女人！

欣赏和肯定自己的女人，会悄然为自己解开一个心结，让自己洞穿一切的眼睛，穿过满是疮痍的篱笆，在生活中攫取快乐之光。欣赏和肯定自己的女人，会对自己说，花开不是为了凋谢，而是为了结果，结果也不是为了终结，而是为了更生；叶落不是无情，而是为了蕴蓄，当然也是为了来年的新生。欣赏和肯定自己，让自己倾尽所有，全心付出，真诚奉献，让世界多些幸福，让自己的快乐也让他人快乐。

活力四射，女人要越活越年轻

现代社会，不少女人是“18 岁的年龄，81 岁的心”，生命还没有步入暮年，她已经“老”了。这也说明，心理年龄并不和生理年龄成正比。有的女人年过花甲，仍有着年轻的心理和体魄，如早春阳光下挺立的蒲公英，那么她再老也是年轻的。有的女人正值韶华，却神色黯淡，老气横秋，恰似西风中萧萧的枯叶，那么她就过早地步入了老年。

当然，在我们身边，我们常常看到一些女人，看上去非常年轻，充满活力。她们是怎么保养的呢？其实她们既没做过皮肤护理，也没有用过任何高档的化妆品。因为她们知道，再精致的妆容也掩盖不了岁月的风霜，再高档的化妆品也擦不去时光的烙印。让她们年轻的，并不是她们的容貌和身体，而是她们那朝气蓬勃的年轻心态。

从古到今，炼金术士们一直在寻找长生不老药，最后却发现它其实正存在于我们自身之中。长生不老、永葆青春的秘密就存在于我们的精神之中，只有正确地思考才能实现梦寐以求的奇迹。我们觉得自己有多老，看上去就会有多老，因为感觉和思想决定着我们的外形。

下面我们看看岚是如何越活越年轻的：

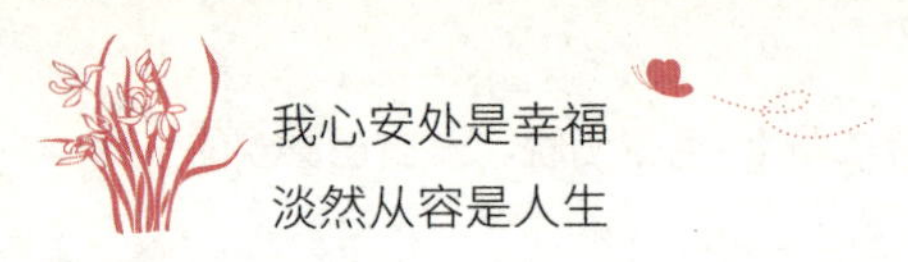

岚今年49岁，发梢眼角已有了深深浅浅的青霜鱼纹。但在她自己眼里，她还是当年的那个她，只不过当年她是个小孩子，现在她是个大孩子。

三年前，岚和几个同事被分配到一个乡村搞调研。为了欢迎他们的到来，村里特地在镇上的小饭馆里摆了一桌酒席。席间，一个村干部朝着岚说："小妹妹，今年多大了？有没有男朋友？我们村里有个不错的帅小伙……"话音未落，便笑声一片，同事一个个笑得前俯后仰。因为他们知道，那时的岚已经是一个14岁女孩的妈妈了。

两年前，岚在市区的人民广场跟舞蹈老师学跳交谊舞。她整天乐乐呵呵，唱唱跳跳，快人快语的她在老师的口中便有了"开心果"的雅号。学舞间隙，岚听老师和师姐在谈她，师姐说，想不到小师妹家的孩子也上初中了，准是早婚早育的结果。岚听了赶快凑上去，一本正经地说："老姐，可别冤枉我，我可是百分百响应党的号召，晚婚晚育的哦。"两年多来，广场上没有人猜得出舞姿轻盈、笑容灿烂的岚已经步入了奔五的行列。

去年夏天，岚和女儿到苏州乐园游玩，旋转了金色大波浪，颠簸了海盗船，穿过了热带风暴，发射了高空卫星……她们来到了最最惊险刺激的过山车下，听着空中传来的鬼哭狼嚎般的尖叫声，女儿坏笑着说："老妈，你要后悔现在还来得及哦！玩过山车可是年轻人的专利。"岚笑笑说："我还正想享受一下心脏跳出胸腔的感觉呢。"看看前后左右都是一张张孩子气的脸，女儿说："老妈，我真是服了你了！"

前几天，岚和已失去联系二十多年的中学老师在网上视频聊天，老师说：

“岚，穿过二十年光阴的烟尘，你的心依然洁净澄明，保持着最初的纯真。你还是那么年轻可爱！”

其实，年轻也好，年老也罢，皆因心态使然。时光的脚步如逝水东流，一路奔腾向前，不会为任何人停留。红颜易老，青春易逝，这是生命的规律，自然的就像花开花落。然而，岁月可以催生根根白发，却摧不毁头脑中的青春活力；时间可以刻出满脸的皱纹，却无法为心灵刻上一丝痕迹。

人们问一位八十岁的英国女名模：“你永葆青春的秘密是什么？”

她说：“要保持愉快的态度，要对自己满意。我从来没有感到愿望得不到满足的痛苦……躁动、野心、不满、忧虑，所有的这些都使皱纹过早地爬上了额头，而皱纹不会出现在微笑的脸庞上。微笑是年轻的讯息，自我满足是年轻的源泉。”

任岁月流转，女人不管到了什么样的年纪，都应该让青春永驻心间。这是一种洒脱生活、享受幸福的姿态。

有这样一个女人。

二十岁时，她告诉自己：女人要对未来充满希望。父母离异，与大学失之交臂，失去挚爱的恋人，都没有让她的心枯萎。她知道，要留住岁月的脚步，就不能活在过去。她从未因为家庭的变故和感情的背叛而变得冷漠，她爱自己，爱生活，不想让心灵过早地枯萎。她总是用美好的未来提醒自己，未来的路还长，幸福还等着我。

三十岁时，她告诉自己：我会跟从前一样美好。她从不说“我已经老了”，从不暗示自己“我已经力不从心”。她相信，美好属于每个年龄段的女人，只要你热爱它，它就会回馈你想要的结果。在三十二岁的时候，她有了自己的精品书屋，有了自己的孩子，有了散发着书香韵味的成熟与知性的美。

四十岁时，她告诉自己：要保留一份浪漫的心情。心灵沐浴在爱与浪漫的光芒里，必定会开出如同向日葵般绚烂的花。这一份浪漫的心境，需要摒弃私欲和贪婪，摒弃世俗和肤浅，要用爱心和满足，慢慢调制。

五十岁时，她告诉自己：笑对一切，做个达观的女人。岁月可以催生白发，却无法摧毁女人的智慧；时间会在脸上刻下皱纹，却无法阻止心灵的光润。年过半百的她，依然有着一颗年轻的心，一个年轻的体魄，她敢与朝华相媲美。年轻也好，年老也罢，只要心不老去，永远恰逢当年。

岁月总是悄无声息地在女人身上留下痕迹，或是一脸喜悦，或是一脸风霜；或是悲伤冷酷，或是笑靥如花。你若任凭岁月带走心的年纪，那么身上的光华自然也会跟随它一同老去。心若不肯老去，那么岁月也无可奈何。

青春年少固然美好，但人生如四季，春夏秋冬各有各的美。重要的不是容颜的改变，而是年轻心态的绵延。守住一颗年轻的心，就能永远留住青春，寻找到人生别样的意义。一位著名的女演员说：“当一个人幸福、充实和永不疲倦的时候，当他的精神永远年轻的时候，皱纹怎么会爬上他的额头呢？当我感到疲惫的时候，那不是我精神的疲惫，而是我身体的疲惫。”

年龄是随着岁月的时间行走，而人的心态并不是随着时间走。留一颗年轻的心，可以让时光望而却步；留一颗年轻的心，可以永远烂漫纯美；留一颗年轻的心，可以始终活力无限；留一颗年轻的心，不惧岁月，顺其自然，把一切纷纷扰扰的变迁，都视为常理之中，坦然处置；留一颗年轻的心，“老”永远不会降临在你的身上，纵然沧海桑田，世事变迁。心态好的女人，永远年轻，永远美丽，永远幸福。

年轻如燃起的烟花，转瞬即逝，但我们可以营造出无数个人间的春天；青春如花，容易跌进时光的河流，但我们可以把欢欣和柔情飘逸起来。永远保持年轻的心，就能让头顶多一方明净的蓝天，让脚下多一行坚实的足迹。飞翔吧，年轻的心！只要你保持年轻的心态，只要你在开拓自己的人生，只要你快乐并追求着，你就会是一个充满活力的角色，如果你总感觉自己年轻，你就会永远年轻。

做个性女人，与众不同也是一种精彩

个性是美的真正体现，是展示一个真正自我的方法。世界上没有两片相同的树叶，也没有两粒相同的沙子。你就是你，你不是别人，别人也不会是你。

有一位女孩子心情很不好，原因是同学、朋友谁都不会注意她的存在，也不会关心她的心情，总以为她是一个可有可无的人。这让她有一点自卑，更有一些失望。是的，花季少女，哪一个女孩子不希望自己成为别人注目的焦点呢？而她从来都是默默无闻，就像路边的小草，都市的繁华与亮丽从来都与她无关。

这一天，她一个人来到大海边，静静地坐在沙滩上，思考着。这时，一位老人走过来，看到孩子神色不好，就上前询问。女孩子看到终于有人关注她，心里非常高兴，就将心中的苦恼都讲给老人听。

老人从脚下的沙滩上捡起一粒沙子，让女孩子看了看，然后就随手扔到地上，对她说："你把刚才扔到地上的沙子捡起来。"

"这怎么可能？你是在逗我开心吧，谢谢你。"女孩子说。

老人没有说话，接着从自己手上把戒指拿了下来，也是随手扔到地上，然后说："你能不能把戒指捡起来呢？"

“这当然可以。”女孩子很轻松地说。

老人对女孩子说：“如果你想被人关注，被人欣赏，你就要做一枚戒指，就要有你自己的特色和风格，否则，你就会成为沙子，在这片沙滩上，有哪一粒沙子出众呢？”

女孩子想了想，觉得还真是这个道理，自己在同学朋友当中，的确没有什么风格，无论是穿衣服、说话、举动，都是随大流，没有自己的风格，没有自己的观点，总是随声附和着，这样的自己又怎么能被大家注意呢？

生活中，一些女人的确如此，无论说话、办事、行为、思想等，都没有自己的特色，没有独特的风格，这样的女人，即使是块金子，也会被埋没的。

如果女人一味随大流，让自己大众化，你就是芸芸众生中的一粒沙土，永远不会引起别人的注意。缺乏独特风格的女人，就如同大海中的一滴水，让人永远看不出你的风采。

一个现代女人必须要有个性化的气质，才能显出真我的风采，才能表现出自己独特的魅力。所谓的个性就是个人独有的品位和气质。个性化的美，体现个性特征的现代女性形象，已成为一种不容逆转的潮流。

个性化的时代，就是人性的召唤，美的渴求。在这个时代里，人们乐于展露本来的自我，表现出原始的个性，未经修饰的好恶，呈现出另一种激动人心的魅力。每一个人都是一个独立存在的个体，生来就和别人不一样。世界上几十亿人口当中，每一个人都有自己的独特之处，你没有必要硬把自己纳入什么模式当中。适度表露自己的个性，是一种人性的解放，是一种理性的选择。

你的个性是你的特点与外表的总和，这些也就是你和其他人所不同的地方。你所穿的衣服、你脸上的线条、你的声调、你的思想以及你由这些思想所发展出来的品德，所有这一切都构成你的个性。

很显然，你个性中最重要的一部分，就是你的气质所代表的那一部分，也就是外表上看不出来的那一部分。

在人类历史上，你是独一无二的，应该为这一点而庆幸，应该尽量利用大自然所赋予你的一切。你只能唱你自己的歌，你只能画你自己的画，你只能做一个由你的经验、你的环境和你的家庭所造成的你。不论情况怎样，你都是在创造自己的小花园；不论情况怎样，你都得在生命的交响乐中，演奏自己的乐器；无论情况怎样，你都要在生命的沙漠上留下自己走过的脚印。

凯丝·黛莉一直想当一名歌手，而老天爷却和她开了一个玩笑，她长着一张阔嘴和一副龅牙。第一次公开演唱的时候，为了显示自己的魅力，她一直想办法用上唇遮住牙齿，以掩饰其突出的门牙。其样子可想而知，她看起来十分可笑，当然注定要失败。

但有一个人听了她的演唱之后，觉得她颇有天赋，便直率地告诉她："我看了你的表演，知道你想掩饰什么，你不喜欢自己的牙齿！"凯丝·黛莉听了觉得很羞涩。那人继续说道："这有什么呢？龅牙并不是罪过，为什么要掩饰它呢？张开你的嘴巴，只要你自己不引以为耻，观众就会喜欢你的。何况，你的牙齿说不定会给你带来好运呢！”

凯丝·黛莉接受了这个人的建议，不再去想自己的牙齿。从那时起，她关心的只是听众。她张大嘴巴，尽情地演唱，终于成为一名顶尖的歌星。许多人还刻意要模仿她呢！

这个故事告诉我们，要勇敢地做自己，每个人都有自己独特的地方。“东施效颦”的典故告诉人们，千万不可简单地模仿别人，照抄照搬别人的经验，否则会弄巧成拙、贻笑大方。

别人的经验未必适合你，而只能作为你选择人生的参考。如果盲目地效仿别人，不仅无法增加自己在激烈的社会竞争中获胜的筹码，反而会使自己的长处变为短处。

要知道，世界上所有珍贵的东西，都是不可仿制的，是绝无仅有的。作为女性大家族中的你，也是这个世界上独一无二的。如果你刻意地去模仿别人，总有一天，你会丢失了自己，那时候你会发现，羡慕是无知的，模仿就意味着自杀。

每个女人都希望自己能够自由、潇洒、快乐地生活。于是，女人的个性表现得越来越突出，她们总是根据自己的特点，寻找恰当的表现形式，获得属于自己的生活。假如一个女人失去了个性，失去了自我，丝毫没有独特之处，那么于茫茫人海中看去，只是无数相同的人中毫无特色的一个而已，不管外表多么美丽，也只能是一种没有思想的装饰。

花样女人，百种性格。在现实生活中，每个女人都在塑造自己，表现为社会的某个角色。容貌很难改变，个性却是可以塑造的。塑造自己美好的个性，对于女性是十分必要的。

一个有着独特个性的女人，不必有闭月羞花之貌，也不必有沉鱼落雁之容，就可以显出别具一格的美，给人不同凡响、不可抵御的魅力。而这种魅力正是女人的资本，如果女人能够很好地发挥出自己的个性，就能塑造出别具风格的风景。

| 第三章 |

从容成长，不慌不忙，自有力量

从容淡定的女人总是能笑对人生，她自由独立，从容惬意，不会因为遇到困难，就放弃自己的追求，也不会因生活的压力而焦虑。顺境中，她不骄不躁；困境中，她不屈不挠。从容淡定的女人不怕失败，只要有目标，就要勇敢地向前冲，因为只有在向前冲的过程中，才能明白什么是真正的幸福与成功。

自由独立，让生活从容惬意

聪明的女人应该学会独立。独立包括两个方面。一个是精神层面的，一个是经济上的。经济基础决定上层建筑，一个女人如果经济上依附于男人，那么她在精神上就很难实现独立。

美女作家陈燕妮被国人熟悉是因为她写了《告诉你一个真美国》、《纽约意识》和《美国之后》等一系列有关在美华人的畅销书。而在美国，熟悉陈燕妮的人更多的是因为她创办了一份在当地华人世界最畅销的刊物《美洲文汇周刊》。

有一次记者采访陈燕妮，问到这样一个问题："听说在美国有很多全职太太，她们的生活全部围绕着家庭，相对简单而少有压力，你有没有想过这样简单的生活呢？"

"没有，从来没有。"陈燕妮坚决地摇头，"我无法想象向别人伸手要生活费的滋味。我曾经因为工作的转换而在家呆了几个月，那段时间太可怕了。除了老公以外，精神没有任何依托，整天在家无所事事。到后来连看老公都有点儿小心翼翼，现在想想挺可笑。美国的报刊竞争很激烈，我做的事情等于是在和美国的男人们抢饭碗，但我宁愿在社会上拼搏，争夺自己的天空，

也不愿整天在家洗衣做饭，等老公回家。”

虽然我们不能绝对地说，没有收入的女人在家中没有地位，但是我们能确定的是，很多没有收入的女人在家中的确是没有地位。一些男人即便嘴上不说，也会认为是自己在养活女人，养活这个家，而女人侍候他是理所当然，就算他发点脾气，女人也该忍着。要知道女人的衣服、化妆品，加上一日三餐都是花他的钱呢，女人有什么资格和他争辩呢？而女人也会安慰自己说，谁让这个家都指望他呢，能忍就忍吧。

连买件小饰品都要跟丈夫要钱的女人怎么可能活得精彩呢？家庭里早就没了男女平等，小则小吵小闹，大则婚外情，甚至最后到离婚。所以女人一定要经济独立。就是感情有变，自己也能适当处理，不会因经济不能独立而手忙脚乱。

未婚的女人同样也应该独立。如果做不到独立，也许你的男友开始能够忍受，时间一长，再有耐性的男人也未必能谅解你。他会认为你这么一直依靠于他，不会轻易离开他。而他对你的态度已不如当初，一旦你们感情有变，一切不用人说，就已心知肚明！

只有在经济上独立了，想买衣服和化妆品的时候，我们才可以自信地掏自己的腰包，不用在支配金钱的时候小心翼翼地去争求对方的意见，也不用在给他买礼物的时候向他要钱。只有花自己劳动赚来的钱，才能理直气壮，才能心安理得。

女人有经济上的独立感才会有尊严，男人在有尊严的女人面前才会有所在乎。过去的男女关系总被遮掩在虚伪的假情假意里面，这已非常不适合现代社会的要求。

男女经济关系的含糊，使男女相处的质量不高，不仅不能获得两性畅快和透明的愉悦，也很容易产生矛盾和变心。女人如果缺少经济上的独立感，整个人会显得十分灰色，哪里还会有幸福感可言。

爱并不是谁为谁牺牲，谁为谁做什么。一旦爱变成这样，就不是爱了。好的女人希望男人看重的就是她这个人。她要男人爱她的本质，好男人会让女人按照她们自己能够独立做自己而处理生活事务。而最好的女人会恰到好处地摆脱男人对她们的束缚，按照自己的方式去生活。爱是两情相悦，本来就应该建立在相互平等的基础上，无所谓谁靠谁、谁为谁、谁给谁。

我如果爱你——
绝不像攀援的凌霄花，
借你的高枝炫耀自己；
我如果爱你——
绝不学痴情的鸟儿，
为绿荫重复单调的歌曲；
也不止像泉源，
常年送来清凉的慰藉；
也不止像险峰，
增加你的高度，衬托你的威仪。
甚至日光。

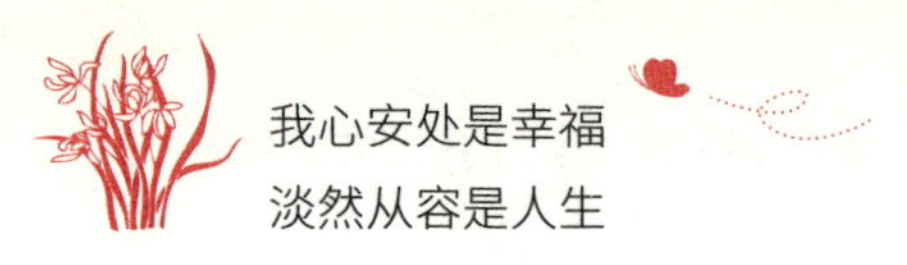

甚至春雨。

不，这些都还不够！

我必须是你近旁的一株木棉，

作为树的形象和你站在一起。

根，紧握在地下；

叶，相触在云里。

每一阵风吹过，

我们都相互致意，

但没有人，

听懂我们的言语。

你有你的铜枝铁干，

像刀、像剑，也像戟；

我有我红硕的花朵，

像沉重的叹息，

又像英勇的火炬。

我们分担寒潮、风雷、霹雳；

我们共享雾霭、流岚、虹霓。

仿佛永远分离，

却又终身相依。

这才是伟大的爱情，

坚贞就在这里：

爱——不仅爱你伟岸的身躯，

也爱你坚持的位置，足下的土地。

在舒婷的《致橡树》里，橡树是高大威仪、坚贞不屈的，它的形象象征着刚硬的男性之美，而有着“红硕的花朵”的木棉则体现着具有新的审美气质的女性人格，她摆脱了旧式女性纤柔、妩媚的性格，而充溢着丰盈、刚健的生命气息。诗人在此托物言志，借橡树和木棉表达了自己对独立平等、情投意合、冷暖相依的爱情的执着和向往之情。

诗人不愿要附庸的爱情，不愿要奉献施舍的爱情，不愿做盲目支撑橡树的高大山峰。她要的是那种两人比肩站立、风雨同舟的爱情。诗人将自己比喻为一株木棉，一株在橡树身旁跟橡树并排站立的木棉。两棵树的根和叶紧紧相连，静静地、坚定地站着，清风拂过，枝叶摇摆，心意相通。

金领代表姚敏现在有三种身份：上午，她是株式会社系统规划上海代表处的首席代表；下午，她是姿立纸艺馆的创始人、“艺术总监”、纸艺教师；到了晚上，她又成了一名作家。

作为株式会社系统规划上海代表处的首席代表，上午的她需要坐在电脑前，与日方联络相关的事宜。这对于曾经在赫赫有名的日本清水建筑上海代表处工作过3年的姚敏来说，不但胜任，而且胜任得很愉快。

到了下午，姚敏的活动范围就大了，她的才艺也得到了发挥的空间。她热爱纸艺、立体画等，在从事这些指导工作时，她认为自己的人生得到了充实。

姚敏在大学时代就非常喜欢写作，也曾经发表过不少文章。在国外留学打工的时候，她曾为了到一家编辑部工作，放弃了薪水高出好几倍的兼职。如今的她已经出版五本书籍。然而，她写书并不是为了出名，而是因为自己的爱好。

不难看出，姚敏是个聪明的女人，她的生活独立、美丽，而且惬意。

惬意是需要追求的，不劳而获并非惬意，打扮得花枝招展也非惬意。惬意是气质，是内涵，是性格，是魅力。做独立的女人，更要做过得惬意的女人。做个为自己的幸福负责的现代女人，你才会有属于自己的惬意与幸福。

心灵箴言 proverbs

在现实生活中，有许多的女性，她们有的或许没有迷人的外表，有的或许没有骄傲的成就，但是她们却拥有自己独立的人格，拥有自己的事业，她们不用因为花钱而看丈夫的脸色，也不用为了跟丈夫要钱而显得比他矮一截。因为她们有自己独立的经济来源。她们每天依然开心地工作、生活，依然给孩子、给朋友最灿烂的笑容，最甜美的声音，最真诚的祝福，她们总是给人一种赏心悦目、沐浴春风的感觉，她们深深地懂得“不经历风雨，怎能见彩虹”这一幸福定律。

从容向前，学习是一辈子的修炼

作为一个女人，你可能因长相靓丽，体态婀娜，在一段时间受人追捧。但如果你能不断学习、不断成长，那么，你一生都会受人敬重，让人艳羡。

艾米是一位女性心理咨询师，长期以来一直关注着女人的身心健康问题。

一个下雨的日子，有个三十出头的女人走进了她的办公室，讲起了自己的故事。

二十三岁那年，她与老公相识相恋并结婚。一切，似乎来得太快了，可惜爱情本就不是时间能够衡量的。之后，夫妻两人白手起家，共同奋斗，打拼出了一番事业。日子相较从前是好过了，她也安心地做起了全职太太。可这时，七年之痒找上门来，丈夫有了外遇。

自己苦苦撑起来的家，眼看着就要被别人毁了，她心里焦急不安。可是，长达七年的家庭主妇的生活，已经让她失去了对事业和梦想的憧憬，除了这个家，她实在不知道还能去哪儿，能干什么。

在讲述遭遇的过程中，她还对艾米说了一个细节：“二十几岁的时候，我和他去看电影，我们不经意间牵了手，结果幸福了整整一个冬天。三十岁的时候，我和他在旋转餐厅里用餐，在缓缓地转动中，我觉得心里有一股莫

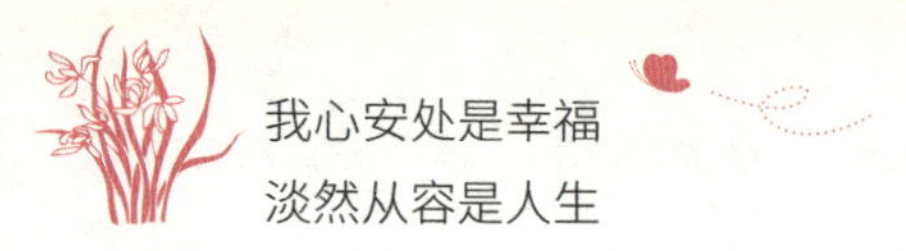

名的空虚，突然间对一切都失去了兴趣，即使是难得跟忙碌的他一起用餐。”接着，她眼圈红，说感觉自己真的变老了，再也找不回原来的自己了。

夫妻之间，为对方付出是爱，是义务，可在付出的同时，也不要忘记自己的成长。作为三十岁的女人，就算不是一本情节跌宕起伏的故事书，可至少不能像一张白纸，让人觉得索然无味。你可以让自己凸显出精致和丰富的内涵，而这些东西，都需要不断地学习、充实和成长。

曾经，梓涵的生活是幸福的。她嫁给了一个香港商人，阔太太的生活让她衣食无忧，每天跟朋友打打牌、逛逛街，日子过得很是惬意。可是，就像所有的电视剧、小说里描述的那样，丈夫在外面找了情人，并在对方的怂恿下，执意与她离婚。

梓涵愤怒、伤心、痛哭，根本无法接受。一直以来，梓涵都想去美国。为了顺利离婚，丈夫提出，可以把梓涵送到美国，再给她一笔钱。朋友圈的人都知道，梓涵的老公对她很好，现在出了这样的事，她也觉得很丢脸，实在没办法再在人前从容自若。无奈之下，她只好同意去美国。

刚到美国的那几个月，她痛苦极了，每天郁郁寡欢。在那里，一个亲人朋友也没有，她无处倾诉，唯一的发泄方式就是哭。哭的时间长了，她的视力也受到了影响。痛定思痛之后，她慢慢地恢复了理智，接受了现实，也强迫自己改变眼前的一切。她到一家中国餐馆打工，晚上拼命学英语。

去美国之前，她根本就没看过英文书，只知道最简单的几句问候语和有数的几个单词。对于一个三十几岁、没有英文基础的女人来说，学英语实在太难了。可她没有退路，只有克服了语言障碍，她才可能在美国生存下去。所幸，她挺过去了，现在的她在美国生活得很好。

只是，提及那段日子，她依然感慨万千：“过去在香港的时候，我觉得自己很幸福。可现在回头看看，当时的我就像是一只画眉鸟，每天被关在笼子里，别人给点食物，没有自由，也没有什么可做的事，根本算不上幸福。后来，每天忙着学英语，学开车，虽然很累，可是心里不空虚，每天都有成就感。慢慢地，我找到了自己的存在感，也实现了自己的价值。女人，真得不断地学习，不断完善自己，因为你不知道什么时候，你就得必须要靠自己过下去。”

有些女人是因为家庭而停下了学习的脚步，还有些女人是因为年龄。她们总把“老”字挂在嘴上，以年龄的增加、身体的状况、精力的不足等理由，纵容自己放弃学习。不得不说，真的很可惜。其实，人生真正的衰退并不是白发与皱纹，而是心灵的老化，是丧失了学习与进取的激情。

对女人而言，在生命的每段岁月里，学习都是充盈内心的最佳途径之一，它能让你体会到思想逐渐变得深厚的喜悦，让你看到生命的成长和潜能。当然，学习的含义并非都是接受正规的教育课程，学习的场地也不仅限于校园，它是心灵所需的自发运动，贯穿生命的全程。

曾经，一家有名的报纸用整个版面刊登了对欧蕾太太的专访。白天，她在一家百货公司打工，是一名普通的售货员；晚上，她的身份又变成了学生，和很多年轻人一起走进夜校。欧蕾太太用四年的时间，完成了高中教育的全部课程，之后又开始攻读大学课程。此时的她，已经整整六十岁了。

欧蕾太太都这么大岁数了，为什么不好好享受晚年，还要这么折腾？她是这样说的："世界变化太快了，有很长一段时间，我觉得自己心力不足，追赶不上它的脚步。那时候，我慌乱、焦急、烦躁不安，不知道该怎么办。那感觉，就好像被世界抛弃了，心里非常失落。后来我知道，是我对生活失去了信心，对自己失去了信心。身处一个浮躁的大环境，没有一颗强大的内心，肯定无法安心地活着。于是，我开始像年轻人一样，坚持每天学习，为心灵充电加油。慢慢地，我看到了自己的进步，而我也在进步中体会到了充实的滋味，逐渐找回了对生活的信心。"

年轻时的她，因为家庭的关系，也因为自己的无知，错过了学习的好机会。而现在，她最大的理想就是坚持学习，把自己的学历提升到高中，之后是大学，最后成为一名律师。现在，她的理想已经完成了一半。按照她的进度推算，大学课程可能要花费五年或者更长的时间。不过，欧蕾太太很有耐心，也很享受学习的过程。她从不认为这样的学习枯燥漫长，每次考过一门课程，她会觉得距离理想又靠近了一步，心中的快乐也多了一分。她说："现在的我，感觉年轻了不少。"

还有一些女人，在找到自认为满意的工作之后，就以为可以安然享受工作带来的乐趣而不用积极进取了。如果沉溺在昔日或现有成就的自满中，学习以及适应能力的提高必会受阻。满足现状、止步不前，这样的人很容易被淘汰。

如今在武汉一家企业任"高管"的孙眉，用她的智慧书写了一个职场传奇。

1997 年，25 岁的孙眉就已执掌帅印，任一家物流公司的副经理。尽管当时的年薪已有四五万元，但孙眉并没有满足。已拥有双学位的她又读了工商管理硕士，为自己充电。

2000 年，孙眉把目光转向了海外。在别人看来，她当时工资收入高，工作环境好，已经很让人羡慕，但她还是毅然辞职，赴德国留学。四年边打工边读书的留学生涯，既锻炼了她的工作能力，也让她的管理理念得到了迅速提升。

2005 年年初，孙眉从德国学成归来。刚回国时，上海一家德资公司有意请她去做企业管理咨询，开出的年薪是 60 万元。考虑到做这份工作要经常出差等因素，孙眉没有立即同意。

就在她迟疑的时候，武汉一家房地产公司的老板向她抛出了橄榄枝。该公司前景不错，业务还在不断发展，急需具有战略规划能力的高端人才加盟。老板给孙眉开出了令人心动的价码：任公司执行董事，赠别墅一栋，安家费一次性支付 100 万元，每月津贴 1 万元，持公司一定的股份，年终有分红。就这样，孙眉开始了她新的职场生涯。

从留学前的年薪四五万元到现在的待遇，孙眉的身价飙升了数十倍。这就是她不断学习、不断成长所带来的好处。

沉溺于过去的成就，就不可能做出更多的成绩。作为职场女性，应该不断努力朝更高的目标迈进。千万不要频频回顾过往，或是渴望回到昔日的时光，保持积极的进取态度，无论是在工作中还是在生活中都应要求自己不断进步，才能获得更多的成功。

心灵箴言 proverbs

在时刻变化的时代里，女人要感受到自身的价值，不是马不停蹄地加快生活的脚步，而是要不断地拓宽眼界，从周围汲取知识的养料，滋养躁动的心，让它更强大，更容易发现快乐、感受快乐。

快乐阅读，读书可以改变一个人的气质

现代生活水平提高了，一些女人的梳妆台前自然堆满了形形色色的化妆品，这体现了女人对美的追求与享受。但最好的化妆其实是心灵的化妆，而最能滋养人心灵的化妆品，就是书籍。

常在一脉书香中浸染的女人，其气质与魅力是与众不同的，在书香中修炼自我的女人，气度非凡，视野开阔，非一般女人能比。

常在一脉书香中浸染的女人，内心丰盈，学识丰富，她可能穿得很朴素，甚至经常素面朝天，但她谈吐优雅、出口成章。

常在一脉书香中浸染的女人，她内心洁净，胸襟宽广，有一种气定神闲的内在气质。

有一篇文章名为《读书使人优美》，这是女作家毕淑敏献给天下女人的箴言。

她说，读书是最简单的美容之法，读书是在聆听高贵的灵魂自言自语。想要美好的女人，就去读书吧！不需要花费太多的钱，只是需要花费很长的时间。可若能够持之以恒，优雅就会像五月的花环，在某一天飘然而至，簇拥女人的颈间。

可能，现在的你已经离开校园很久了，每天为了工作忙碌着，有爱人和家庭需要照顾，可这一切都不能成为剥夺你个人时光的理由。一个女人想要在岁月的冲刷和琐事的打磨下不失光华，就要记得，永远在床头为自己放一本书。

书是一种具有魔法的东西，它会赋予生命光芒，可以开启心灵的枷锁。经常读书的女人，做事的时候会思考，脑海里会萌生更多的灵感与创意，会在遇到难题时不断地想办法；经常读书的女人，会用敏锐的目光看透事情的本质，在一团乱麻中找到头绪，用智慧解决问题；经常读书的女人，她的眼睛更容易发现美的事物，她会变得更加知书达理，善解人意。纵然她的学历不高，家境不优越，可置身于川流不息的人群中，她依然有一份优雅高贵的姿态，那就是人们常说的“腹有诗书气自华”。

叶子在一家外企做公关，她那精干的外表下，有着一颗丰富的心。翻开手袋，一侧是化妆品，一侧是书。她喜欢读叔本华的哲学书。很多人不解，如此靓丽的时尚女孩，竟然会看枯燥的哲学书，还随身携带，是为了在地铁里作秀吗？看看时尚杂志感觉更适合她们这样的女人。

面对质疑和无聊的揣测，她淡淡一笑，说：“时尚杂志我也会看，每期都会买，可那教会我的不过是穿衣打扮，而哲学教会我的是装扮心灵，知道生活到底是什么。”

是的，不去读书的人，不可能有什么鉴别力。读一本好书，更是让灵魂上升一个层次。

诗人歌德说：“读一本好书，就是和许多高尚的人谈话。”

罗曼·罗兰说：“读有益的书，可以把我们由琐碎杂乱的现实升到一个较为超然的境界，能以旁观者的眼光回顾自己的忙碌沉迷，一切日常引为大事的焦虑、烦忧、气恼、悲愁，以及一切把你牵扯在内的扰攘纷争，这时就都不再那么值得你认真了！”

一本好书，如同一杯醇香的清茶，芳香久远，沁人心脾。品着这样一杯茶，与苏轼那样的文豪一起领略“一蓑烟雨任平生”的洒脱；与陶渊明一起享受“采菊东篱下，悠然见南山”的闲逸；与三毛一起穿越撒哈拉沙漠；在简·爱的世界里，体会那不卑不亢的爱情。

读书，不仅是汲取知识，更是为了提高心性，品味生活。有智慧的女子，不会错过那些富有哲理、思想和深度的好书，这让她们的心灵和生活都变得充实，让她们淡泊世俗与虚荣，让她们平静地在人世间行走。

安宁，她的名字就像她的人，莞尔一笑，安然宁静。认识她的人，无论男人女人，都会为她的气质所打动。那是怎样一个女子啊！从未对任何人说过苛刻的话，从未在人前人后说过谁的不是，从未在心里怨恨嫉妒任何人，从未给情感附加过任何条件，那份宁静和淡然，无关容貌与衣装。

她说，她喜欢三毛。沉浸在三毛与荷西的爱情世界里，就像是亲眼见证了一段美妙的情感，她能够从作者的字字句句里体会到真善美，体会到安宁，体会到对生活的热爱。这些，无时无刻不在影响自己的心。她说，她还喜欢毕淑敏，一个关注生命的作家。尤其是那本震撼心灵的《预约死亡》，让她深刻地领悟到活着的可贵。只是一本书，却教会了她珍惜生命，少给人生留遗憾。

安宁有一张书单，上面写着：渡边淳一的《失乐园》，塞林格的《麦田里的守望者》，米兰·昆德拉的《生命中不能承受之轻》与《缓慢》，西蒙·德·波伏娃的《第二性》，瓦西里耶夫的《这里的黎明静悄悄》……其中，有一部分已经画上了红色的记号，证明她已经读过，还有一些正待读。

更让人震惊的是，她读完每一本书，都会写一些书评和感悟。之后，用A4的纸打印出来，装订在一起。她觉得，这是自己的收获，是自己涤荡心灵的结果。也许，未来的某一天，她依然会翻起那些书，也会有不一样的感受，待到那时，看看自己当年写下的文字，可以亲眼目睹自己的成长。

在书的世界里，她宛若山谷里的百合，吸收着天地间的精华，开出洁白动人的花，散发着沁人心脾的清香。书给了她精神上的翅膀，让她在蔚蓝的天空自由地飞翔；书给了她水一样的性情，透明而不做作，温柔而不软弱。她端庄、高雅、自信、大方的气质，淹没了岁月的痕迹，三十五岁的她，永远像出水芙蓉、剔透的美玉。

读书的女人没有不优雅的，她的微笑、她的魅力、她的气质，是世间最美丽的一道风景。女人一定要喜欢读书，并养成读书的习惯。很多人总说没时间读书，其实，时间像海绵，挤一下总会有的。白天没时间读书，晚上也要读一会儿书，比如在睡觉前。要知道，睡前一个小时是记忆力最好的时候，此时读书，可以从中汲取更多的知识与智慧。手捧一卷书，边读边捧一杯清茶，听着音乐，此时的你是最优雅的，也是最幸福的。

如果你想读书，也喜欢读书，那么，在随身的小包里，要少放一些化妆品，要多放一本书，在等公车或地铁的时候，你就可以拿出一本书读一会儿了。

节假日的时候，也可以带一本书，去寂静的山里，坐在绿草地上，在鸟语花香中，静静地阅读；当你沉浸于书香中的时候，如水的时光总是一晃而过，但你却能从中汲取一些重要的东西。

高山流水遇知音。一本好书，如最醇美自然的清泉，泉水流经的地方，必定是芬芳满园、绿草如茵，一派生机盎然的美景。读书能沉淀一个女人的心田，让其更为纯净自然；读书能滋润女人的心灵和容貌，能赋予女人优雅的气质与魅力，让一个女人永葆青春。

让我们喜欢诗书，任一脉书香装点我们的生命吧。相信有书香相伴，再无聊的日子，也会变得有趣，再平凡的女子，她的人生也会变得精彩，她也会变得温文尔雅、魅力非凡。

书中有铁马冰河，也有浩如烟海的宜人风光。读书如阅尽千帆，让一个女人变得恬淡笃定，聪明的女子，一定要多读书。女人气质与学识如同一杯美酒，让她散发出诱人的魅力，所以，即使天生丽质，也要多读书、多学习。

学会坚强，甩掉“弱者”的标签

在普遍的印象中，女性面对挫折时总是爱流眼泪，而男人有泪却从不轻弹。男人的坚强与女人的柔弱似乎是天生的。事实真的是这样吗？综观人生百态，我们发现，在面对困难时，女人通常更能表现出超乎寻常的坚韧！

的确，男人比女人镇定。当山崩于前、雷震于顶的时候，男人可能面不改色，而女人早已喊出了声。所以人们就有了一种错觉：男人似乎比女人坚强。男人的坚强如铁，是一种刚性的坚强，而铁是会生锈的，岁月的磨难会让这块铁锈蚀得面目全非，以至于小小的压力就会让他折服。女人的坚强似水，是一种柔性的坚强，耐挤耐压，能伸能屈，可高可低，可进可退。激扬可以劈山开路，摧枯拉朽；滋润可以垒石成山，化育万物。滴水穿石，水的坚强是内在的，但更有长性，更可依赖。君不见，多少个濒临破碎的家庭不是就靠一个坚强的女人勉力支撑吗？男人的坚强似乎是社会性的，而女人的坚强似乎与生俱来。男人在经历磨难之后或许能变得坚强，而女人在磨难中就能显现坚韧的内力。

女人不是软弱的，而是柔韧的！她们也许不会掩饰自己面对伤痛的情绪，但是当她们流过眼泪，开始踏上新的征程的时候，结束的是懦弱，开始的却是罕有的坚强。

女人的坚强也许不会像男人那样有英雄气概、惊天动地，但是在巨大的人生灾难面前，她们往往比男人更加坚强和出色。经历过风雨的女人，坚强可以使她们更从容地面对生活，像美丽的蝴蝶破茧而出，战胜了生命中的痛苦之后，绽放出令世界倾倒的光芒。

被誉为“美国报业第一夫人”的凯瑟琳·格雷厄姆虽出身豪门，家境殷实，丈夫菲利普·格雷厄姆接手凯瑟琳的家族产业《华盛顿邮报》后，凯瑟琳只是相夫教子，过着全职家庭主妇的生活。也许，生活一直这样下去的话，她可能会平凡到老。但这一切都随丈夫的自杀随之东去，当时的凯瑟琳已经46岁。

丈夫的离去让她还没来得及释放完悲伤，《华盛顿邮报》的领导工作就已经降临在了她的头上，她不得不主持大局。此时，所有的人几乎都不看好这个毫无业务经验的家庭主妇。可是苦难却激发了凯瑟琳的潜能，她开始变得坚强刚毅起来，坚定执着地将摆在她面前的难题一个一个地解决，同时在她卓越的管理之下，报社逐渐步入正轨，渐入佳境。而后来她主持报道的“水门事件”，更使得《华盛顿邮报》一鸣惊人，并直接导致了尼克松总统的下台。而在困境中依然坚强的凯瑟琳·格雷厄姆最终也因“报”而荣，因“报”而富，被称为“新闻界最有权势的女人”，她也是当时被公认的魅力女人。

“休言女子非英物，夜夜龙泉壁上鸣。”女人也是人，不是天生的弱者，为什么要依附男人而生活呢？况且，面对越来越大的生活压力，很多男人都觉得：女性过分向自己“示弱”，只能让自己产生压力。女人若适度显示自己的能力，才能使自己对未来产生安全感。所以，女人应该适当的强大，不要学那些为赋新词强说愁的小女人们整天无所事事，消磨自己的青春，从而错过身边的许多风景。鼓起勇气展望未来，不必做个女强人，但至少可以做个坚强的女人。

地产才子袁某的妻子小丽，知道她的人并不多，但是，袁某能够取得今天的成就，她绝对是功不可没的。

在国外工作多年的小丽，初进公司的时候可以说是困难重重，面对都没有上过名牌大学，也都没有和外国人打过交道，或在国外工作生活过的事业合作者，小丽开始的工作简直是无法进行。这些清一色的男人帮，都是在房地产界摸爬滚打了好几年的中国第一代房地产商。他们根本就没把她这个从未盖过房子、不懂什么是建筑、刚刚回国不了解中国行情的女人看在眼里。但是，小丽却靠着一股勇做强者的气势，坚持了下来。

的确，面对高达上亿的资金，不是让谁拿着去玩的，她凭什么让别人甘心冒险的按她的提案去做？

每天上班，她就像是上战场。她要说服所有人相信她，因此就有了很多的冲突和争吵。她也曾产生过放弃的念头，但不轻易认输的个性又让她坚持了下来。在冷静下来之后，她仔细的理清冲突的根由，然后不断修正。小丽就是这样在一步步的磨合之中坚持着。

很多人都不明白小丽有这样一个幸福美满的家庭，为什么不在家里安心地做自己的全职太太，还要那么辛苦的拼死拼活？

面对这样的疑问，小丽说："我回国的初衷就是要做一番事业，就是要实现这个想法，如果因为工作之中有困难，就放弃自己当时的选择，放弃自己追求的初衷，就等同于当初的选择就是一个失败。这不是我的性格，我不会这么做。"

后来，小丽用她的行动证明了她是对的，当购买房子的人连夜排队交定金的时候，这个执拗的女人终于向别人，也向自己证明了自己，她也在公司奠定了自己不可取代的位置。

别人问她的时候，她总是眼神坚定地说："如果你相信你是有实力的，就不能示弱。你就要证明给别人看！"

是的，证明给别人看，更要证明给自己看。女人不是弱者，这句话是需要用行动去证明的。只有证明了自己，才能得到别人的肯定。小丽的经历和成功告诉女人：你可以用自己的智慧和汗水撑起半边天，成为社会发展不可或缺的推动者。

在工作中如此，在情感生活中也是一样。女人，绝对不能在感情上轻视自己。一定要明白，自己不是弱者。女人的一生，从豆蔻年华的少女，到温情脉脉的妻子，再到含辛茹苦的母亲，两鬓斑白的老妪，期间经历多少的大起大落、艰辛与不易。我们要坚强地面对理想与现实的错位，事业与家庭的冲突，柴米油盐的拖累，我们要努力地承担起自己应负的责任，做个新时代的优秀女性，而不是一个给男人装点门面的"附属品"。

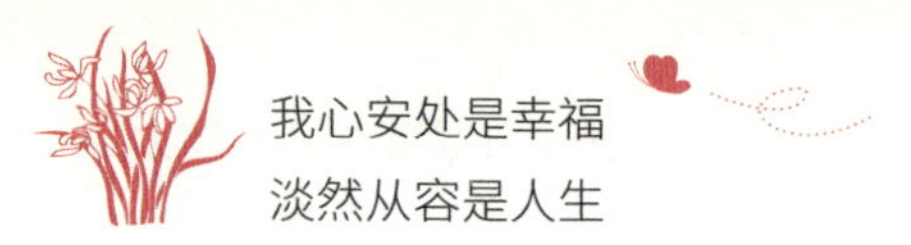

女人的人生如海，潮起潮落，既有春风得意、马鸣萧萧、高潮迭起的快乐，又有万念俱灰、惆怅漠然的凄苦。如果把女人的人生旅途描绘成图，那一定是高低起伏的曲线，而保持着微笑的表情，在面对困境的时候依然执着地向前，就是一个敢于挑战人生的魅力女人。

别太固执，保持开放、通达的心态

一位教授在上心理咨询课时听到一位妇女这样说："每当我丈夫从中间挤牙膏时，我就会疯狂！每个人都知道，应该从尾巴向前面开口处挤嘛！"

这个现象引起教授的注意，为此，教授在全班做了一次调查，看看牙膏该怎么挤。基本上，似乎大家都明白，牙膏应由尾端挤向开口处。然而调查结果显示，只有约一半的同学知道应由尾端先挤，而其他一半的同学竟认为，牙膏应从中间开始挤压！

当然，重点并不是你从牙膏的什么地方开始挤，而是你应该将牙膏挤到牙刷上面，至于牙膏是如何附着到牙刷上的，事实上并不太重要。假使真的有问题，那应该是从我们内心制造出来的！

希尔达称这种一成不变的行为方式为"模式"。"我们脑子里塞满了一堆惯性的动作和行为模式。"她解释道，"假使我们无法跳脱自己固有的思考及行为模式，在与别人相处、他人又希望来点不同的作法时，我们便会被激怒，且会变得跟周遭的人、事、物格格不入。"

当教授跟班上的同学们分享"模式"的概念时，同学们皆承认了自己一些荒唐好笑、刻板思考的模式：一位妇女竟然为了卫生纸卷的方向"错误"而郁闷了半天，她只在卫生纸卷的方向是由墙边向外转时，才会感到满意；另外一位女士则说，每天早上他都会将车停在火车站的某一“特定”停车位，假使有一天别人无意中占了那个车位，她就会有种想法——“今天一定是个倒霉日”；还有一位同学说，只要她的慢跑长袜被折叠的方式“错误”，她就会冒出无名火。

希尔达告诉我们：“真正的解脱之道，就是找出你的模式，然后破除它。找一天开车上班时，挑些不同的路走走；给自己换个新发型；将房子里的家具换换位置……做任何可防止自己落入停滞不前的新鲜事。”

因此，教授建议那位寻找特定停车位的女士给自己一星期，每天都故意不停那“幸运停车位”，看看会发生什么事。第二个星期她再次来上课时，脸上充满着闪亮的笑意，说：“我照着你的建议去做了！不但没有倒霉事发生，我甚至过了好几天的幸运日！”

“现在我明白了，自己以往皆被固有的想法绑住，如今我已解脱，高兴停哪儿就停哪儿！”

一位哲学家曾说过：“快乐的秘诀在于‘停止坚持自己的主张’。”

我们必须分辨清楚，到底是生活圈住了我们，还是我们自身狭隘的思维限制了自己。能实现快乐的唯一方式是不被任何事物所约束，而不受约束的唯一方式则是——别太固执。

固执是一种偏执的人格。不分场合、不分事件、不分具体情况，只是盲目地执行自己的所想、所做，任凭旁人如何劝说，都绝不肯回头。如果自己当初的选择是对的，倒也罢了，可爱固执的人偏偏就容易做出错误的选择，那种坚持错误方向的执拗情绪，着实令人觉得可笑又可恨。日子久了，身边愿意共处和帮忙的人越来越少，只能任由其自生自灭。

有人说，固执也是一种坚持，是一种不达目的不罢休的精神。当然，固执的人是能够坚持的，可因这坚持失去了正确的方向，又有什么意义呢。不管是思维定式、自我防御还是认知失调，固执都会让人看不清客观事物和事实，只会带来更多的坎坷与伤害。

现代女人，喜欢强调个性，坚持自我。认准了某件事、某个人，就打下了自己的烙印，就算一错再错，也要坚持走到底。即使给身边的人带来伤害，也执迷不悟，甚至毫不在乎。这样的女人总是会成为矛盾的爆发点，因为个人的固执不仅会伤到自己，还容易坑害别人。

人生之路看似很漫长，其实很短暂。时间流逝得很快，又悄无声息。当我们意识到时光飞逝的时候，已经来不及了。所以，我们不能让自己在一个地方停留太久。故步自封是一种因循守旧的态度。固执地坚守自己已经习惯的做法，再也不肯向前，随着时间的流逝，会渐渐脱离时代，变得一文不值。

封建时代，清王朝将故步自封发挥得淋漓尽致，使整个国家和民族付出了巨大的代价。后来，创新、创造、紧跟国际潮流等词汇不断地被提及，只因再也经不起故步自封带来的灾难。而今，虽然人人都在声明自己拥有创造力和想象力，拥有紧跟时代脚步的觉悟，可难免还是会在生活中固守自己的习惯和方式。因为太过以自我为中心，凡事都从自己的角度出发，认为自己拥有的是最好的，不愿做出任何改变，所以也很难得到别人的认可和帮助。面前的路始终保持不变，或者越来越狭窄，终有一天会面临被淘汰出局的境地。

一个人的眼界和阅历是有限的，即使再怎样丰富自己，也比不上多方信息的汇集。

所以很多时候，我们要开放固守的自己，接纳更多来自外界的信息和帮助。然而，有些人却不愿这样做。有的人不愿被外界的繁华干扰，有的人自以为是地认为自己所拥有的是最好的，还有的人过于小气，不愿与别人分享自己的阅历和经验。但不管是何种原因，固守都不能换来丝毫优势和成果。

现今，我们身处提倡创新与变革的开放时代，丢弃了那些先祖传承下来的不合时宜的成规，也获得了思想和心灵的自由。然而，还是有很多人固执地守着自己的习惯、思想以及行事方式。也许有人觉得，固守没有什么不好，要看固守的东西是什么。如果固守的是优势，是阳光的一面，就应该坚持。可我们是否发觉，凡是热衷被人们固守的，多半都是负面的东西。

正面的东西很难固守，比如善良，比如诚恳，比如勤俭，比如道德。世界上的诱惑太多，当我们看尽世间百态，经历喧嚣浮华，是否还会固守我们的单纯美好？我想，每个人的心里都会有自己的答案。而负面的东西，似乎更容易让人迷惑，从而盲目地固执和坚持。比如谎言，比如阴郁，比如灯红酒绿，比如爱一个徒有其表的人。人们执着其中，无法自拔。即使被劝说，也总是有各种各样的理由来表明自己无法摆脱或不能摆脱这份固执，最终只能面对悲剧的结局。而假如能够以开放的姿态接纳旁人的建议，并且愿意做出改变，就会柳暗花明，给自己开辟出另一个世界。

所谓，旁观者清。固执的人如果能够相信身边旁观者的意见，就能及时地悬崖勒马，让自己摆脱那种固有的模式和心情。不要给自己寻找任何不去改变和接受的理由，哪怕那些理由看起来很正当。就好像很多人，会爱上自己不该爱的人或者根本不值得去爱的人，义无反顾地付出，却得不到任何回报。当有人劝说的时候，便会以“真爱就是无条件的付出”、“我没办法控制自己不爱上他”、“你们不明白他的可爱之处才会这么说”、“我就是喜欢，除了他我接受不了别人”等等理由，来拒绝放弃。直到某天，被折磨得遍体鳞伤，不得不放弃。可一旦再遇到此类事情，又会沉浸其中。这样的人，在爱情里永远都只能复制相同的悲剧。因为自己不肯去学会看清某个人或某件事，只是投入，并不分辨，又不肯认真考虑旁人的意见和忠告，只能独自承受山穷水尽的结局。

随着年龄的增长和阅历的增加，很多人的认知与思维都形成了固有的模式，并且将自己包裹在这固有模式的躯壳里，容不得任何人的侵犯。当自己的看法与别人的看法之间存在分歧，就会毫不犹豫地坚持自己的看法，哪怕与别人发生争执或争吵也在所不惜。这样的人，不管所坚持的看法是正确的还是错误的，都会让人觉得不舒服。

不过，固执的人，多数并不愚钝。他们只是陷入了一种无法自拔的境地，摆脱不了某种莫名的禁锢，找出很多幼稚的理由，甚至是强词夺理地欺骗自己。直到某天，被自己的固执所伤，被迫放弃了自己的坚持，或者失去了最重要的东西，才明白自己所坚持的不过是一场虚幻的梦境，根本就没有意义。亲爱的女人们，不要太过感情用事，也不要太过于相信自己的判断，该认错的时候就认错，该放弃的时候就放弃，保持开阔、通达的心态，才能更加游刃有余地面对人生。

心灵箴言 proverbs

从容的女人是懂得要以开放的姿态接纳众家之见的，可以说服自己走出那个虚妄迷离的世界，以一种置身事外的方式看待自己所处的环境、人和事，会获得不一样的收获。

保持耐心，所有的美好都是因为坚持

一位全国著名的推销大师，即将告别他的推销生涯，应行业协会和社会各界的邀请，他将在该城最大的体育馆，做告别职业生涯的演说。

那天，会场座无虚席，人们在热切地、焦急地等待着那位当代最伟大的推销员作精彩的演讲。当大幕徐徐拉开，人们发现舞台的正中央吊着一个巨大的铁球。为了这个铁球，台上搭起了高大的铁架。

一位老者在人们热烈的掌声中，走了出来，站在铁架的一边。他穿着一件红色的运动服，脚下是一双白色胶鞋。人们惊奇地望着他，不知道他要做出什么举动。

这时两位工作人员，抬着一个大铁锤，放在老者的面前。主持人这时对观众讲：请两位身体强壮的人，到台上来。好多年轻人站起来，转眼间已有两名动作快的跑到台上。

老人这时开口和他们讲规则，请他们用这个大铁锤，去敲打那个吊着的铁球，直到使它荡起来。

一个年轻人抢着拿起铁锤，拉开架势，抡起大锤，全力向那吊着的铁球砸去，一声震耳的响声，那吊球动也没动。他就用大铁锤接二连三地砸向吊球，很快，他就累得气喘吁吁了。

另一个人也不示弱，接过大铁锤把吊球打得叮当响，可是铁球仍旧一动不动。台下逐渐没了呐喊声，观众好像认定那是没用的，就等着老人做出什么解释。

会场恢复了平静，老人从上衣口袋里掏出一个小锤，然后认真地面对着那个巨大的铁球，接着，他用小锤对着铁球“咚”敲了一下，然后停顿一下，再一次用小锤“咚”敲了一下。人们奇怪地看着，老人就那样“咚”敲一下，然后停顿一下，就这样持续地做。

十分钟过去了，二十分钟过去了，会场上的人早已开始骚动，有的人干脆叫骂起来，人们用各种声音和动作发泄着不满。老人仍然用小锤不停地工作着，他好像根本没有听见人们在喊叫什么。开始有人愤然离去，会场上出现了许多的空缺的位子。留下来的人好像也喊累了，会场渐渐地安静下来。

大概在老人进行到四十分钟的时候，坐在前面的一个妇女突然尖叫一声：“球动了！”刹那间会场立即鸦雀无声，人们聚精会神地看着那个铁球。那球以很小的幅度动了起来，不仔细看很难察觉。老人仍旧一小锤一小锤地敲着，人们好像都听到了那小锤敲打吊球的声音。吊球在老人一锤一锤的敲打中越荡越高，它拉动着那个铁架子“哐、哐”作响，它的巨大威力强烈地震撼着在场的每一个人。终于场上爆发出一阵阵热烈的掌声，在掌声中，老人转过身来，慢慢地把小锤揣进兜里。

老人开口讲话了，他只说了一句话：成功就是简单的事情重复做。

在成功的道路上，你没有耐心去等待成功的到来，那么，你只好用一生的耐心去面对失败。

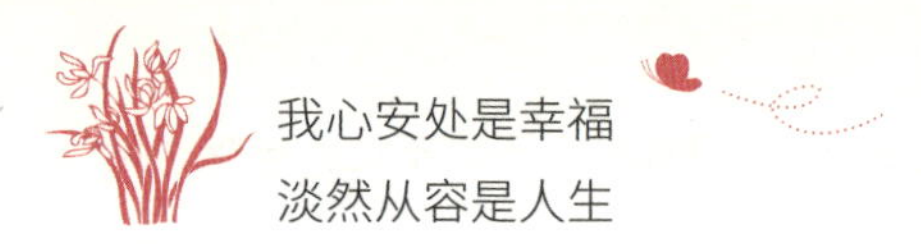

我们在走路的时候，总是习惯往前看，看着远方的人。然后我们羡慕，怎么那个角度看风景能有那样子的效果，怎么那个地方的风筝能飞得那么高，所以我们就一直去追逐。

只是等我们走了一段路会发现，要达到那里，需要很多的辛苦，需要很多的耐心，需要很多的坚持。

其实在这个社会上，坚持不是因为几十年一直重复做一件事，而是在做一件事的时候，碰到困难了，我们依然是很努力地往前走。每遇到一个困难，我们就要把那个困难，变成提升我们的一个平台。也是这样子的坚持，坚持着坚持着，我们的成长才会越来越多，收获才会越来越多。

一个女孩子，毕业之后，去做销售经理的助理。对于她来说，虽然工资不高，但是刚开始，觉得一切都是那么的美好。很多事情不需要她做，而且自己不需要想怎么做，经理都会交代的。

后来，那个经理身体不舒服，住院了。这时，所有事情都压在了她的身上。刚开始手忙脚乱，很多的事情都整理不好。她向老板抱怨，老板却说，这就是你的工作，要么坚持做下去，要么辞职走人。

她也想逃离，想着辞职。她就跟家人说了这一想法，家人说，要不再坚持一下，万一，自己能做好呢。即使到最后，还是没做好，那么再辞职也不晚。

所以，她每天晚上回去，就想着，什么样的事情要怎么样处理，一件一件的列出来。当然，有些是需要她很长时间的努力的，比如出去见大客户，比如化妆，比如做PPT。

为了能帮公司做到最好，她参加了很多的培训，比如化妆的，比如推广的，比如销售的，比如PPT的。

半年之后，她已经是销售经理了。所以，很多时候，人生就是这样子，一坚持，所有的美好都来了。

又过了一年，她已经当了一个董事长的秘书。因为她之前什么都学习了，什么都学会了。

这个女孩的成功就是因为坚持，所有的困难，在她那里，都成了提升她的平台。

她说，每次快要放弃的时候，我都告诉自己，再试一下，再坚持一下，看下我自己，到底能走多远。

在运动场上，经常看到很多的运动员，即使已经落后了太多，他们也都坚持着跑完全程。

其实，在人生的路上，很多的时候，我们只是跑到了一半，甚至一点点，就不跑了。

掌声与荣誉，在运动场上，是属于冠军，但更是属于每个坚持的人。因为只有坚持了，我们也才有你追我赶的机会。要是没有走进那个跑道，没有坚持，也就无所谓美好了。

当我们有时候看着窗外，那些在很努力往前走的人，那些在一直往上成长的花草树木，我们是不是也在想着自己，人生要有积累，坚持才能美好。

很久以前，为了开辟新的街道，伦敦拆除了许多陈旧的楼房。然而新路却久久未能开工，旧楼房的废墟任凭日晒雨淋。

有一天，一群自然科学家来到这里，他们发现，在这一片多年未见天日的旧地基上，这些日子里因为接触了春天的阳光雨露，竟长出了一片野花野草。

奇怪的是，其中有一些花草却是在英国从来没有见过的，它们通常只生长在地中海沿岸国家。这些被拆除的楼房，大多都是在古罗马人沿着泰晤士河进攻英国的时候建造的。

这些花草的种子多半就是那个时候被带到了这里，它们被压在沉重的石头砖瓦之下，一年又一年，几乎已经完全丧失了生存的机会。但令人感到意外的是，一旦它们见到阳光，就立刻恢复了勃勃生机，破土发芽，绽开了一朵朵美丽的鲜花。

其实，人的生命也是如此。一个人，不管他经受了多少打击，也不管他经历了多少苦难，只要他有耐心，有毅力，一旦爱的阳光照耀在他的身上，他便能治愈创伤，便能获得希望，便能重新萌生出新的生机，哪怕是在荒凉恶劣的环境里，也依然能够放射出自己的光和热。

世间所有的美好，都是因为坚持。

谁的人生不是荆棘前行，你跌倒的时候，懊恼的时候，品尝眼泪的时候，都请你不要轻言放弃，因为从来没有一种坚持会被辜负。请你相信，你的坚持，终将美好。能够让你最终实现梦想的，不是一个“地方”，而是你长久的努力，还有不服输的决心。

| 第四章 |

提升品位，诗意的人生，优雅地过

在熙熙攘攘的人群中，总有那么一种女人光彩照人，一闪而过时总会让人频频回眸，难以忘记。那一举手、一顿足总是惹人注目，与众不同，这就是品位的魅力。有品位的女人是最具魅力的，即便是美人迟暮，那种韵味依然犹存，让人一眼就能看出那份恬淡的品位和舒卷的宁静安然。

蕙质兰心，展示女性独特的韵味

女人有很多种，但“有味道”和“没味道”却区别了两类素质的女人。在气质上、精神上“有味道”的女人恐怕更受人欢迎。所谓“味道”，就是一种人格、一种文化修养、一种品味、一种美好情趣的外在表现，当然，也还蕴含着许多其他方面。

“味道”是一种内在的品质，它需要外在表现形式，譬如说，女人爱美，就是有“味道”的一个重要体现。但是，虽然说“爱美之心，人皆有之”，然而往往因不会美的恰到好处，而让人觉得味道索然。

就说化妆吧，有“味道”的女人就懂得什么时候“淡妆”什么时候“浓妆”，因为她掌握着“相宜”的尺度；而无“味道”的女人，尽管抹了一脸高档次的化妆品，其结果也只能是满脸的沧桑欲盖弥彰。其实，“恰到好处”正是这“味道”之所在。

培根说：“美不在颜色艳丽而在面目端正，又不尽在面目端正，而又在举止合度。”生活中，常见这样的女人，自然之貌无可挑剔，应属鹤立鸡群，十分醒目。然而遗憾的是，她善于播唇鼓舌、搬弄是非，人群中传东道西永无倦色，好像博学多才，实则冥顽不灵。

此类算没有“味道”的女人，可见“味道”见之于德行之中。

另外一类，只知衣食父母、丈夫，不闻知识，不问文化，终日为生计忙碌，虽不乏贤淑，甚至可以称作富有牺牲精神，但总让人感觉有几分欠缺。

此类女人也属“味道”不足者，可见，“味道”还深含于文化情趣。

有许多女杰，有的貌压群芳而政绩卓然，有的虽非天姿国色，但为人谦和，才干过人，面对须眉亦毫不逊色。这样的女人可称得上“味道”十足了。可见“味道”又蕴于德才之间。

作家刘心武提出了一种“富心”说，即“社会应在物质文明进步的同时，建构起新的精神文明，而个人富身的同时，亦应力求富心。”而这里所说的“味道”，正是强调“富心”之后的内容。当然，若能秀外慧中，那味道就近乎完美了。

其实，“漂亮”是人人都可以做到的，在这个时尚社会里，你只要懂得化妆，懂得穿衣服，懂得如何使“漂亮”更显漂亮，懂得如何使“不漂亮”变成漂亮，这些外表的装扮，几乎可以令每一个女子都成为“西施美人”

问题是除了这副美丽的躯壳外，我们还能看到什么？我们是在追求刹那间的亮丽，还是追求恒久的内在美？

林清玄说过：这个世界一切的表象都不是独立自存的，一定有它深刻的内在意义，那么，改变表象最好的方法，不是仅在表象下工夫，一定要从内在改革……化妆只是最末的一个枝节，它能改变的事实很少。

深一层的化妆是改变体质，让一个人改变生活方式，睡眠充足，比化妆有效得多。再深一层的化妆是改变气质，多读书，多欣赏艺术，多思考，对生活乐观、对生命有信心、心地善良、关怀别人、自爱而有尊严，这样的人就是不化妆也让人乐于亲近。脸上的化妆只是化妆最后的一件小事，简单而言，三流的化妆是脸上的化妆，二流的化妆是精神的化妆，一流的化妆是生命的化妆。

当我们徜徉于现代都市中，芸芸众生一闪而过，你可能惊讶于那蓦然回首的艳丽，那魅力逼人的性感。忽然有一天，你不经意地抬头，一个婀娜多姿的女子走入你的眼帘：她健康、亮丽、神采飞扬；她成熟、自信、秀外慧中；她款款而来，举手投足之间，无不散发出一种只可意会，不可言传的韵味。

我们追求的不正是这种深层流露、内外如一的魅力神韵吗？这就是“女人味”。她就像一杯清香的茉莉花茶，令人意味深远，回味无穷。

有女人味的女子与弱质无缘，她不是林黛玉，病恹恹、意慵慵。她青春健康、肌肤红润、充满活力，时刻让身心保持最佳状态，任何时候都光彩照人、灿烂依然。

有女人味的女子与愚昧无缘，她充满智慧，眼光精明，绝不是小女子的短见。她的悟性缘于对生活、艺术的理解，她的气质缘于人格深层的自然流露。她稳重、智慧，周旋于纷纭人际之间，应付自如。

有女人味的女子是何等自信，她是春天的柳枝，外表温柔，内心坚强；她是海天中的沙鸥，一飞冲天。她执着于自我风格的体现，无论是工作、生活都自信、自尊、追求美好。

有女人味的女子是何等柔情，她爱自己，更爱他人。她是春天的雨水，润物细无声；她是秋天的和风，轻拂你的脸庞。她以女性的特有情怀，放开胸襟去拥抱整个世界。

有女人味的女子不是带刺的玫瑰，而是天上的彩霞，一抹微笑、一个眼神、一句睿智的话，都值得你回味、心醉。

读女人就好像在读美文，好的文章光芒四射，诱人阅读，好的美文，是作者心声的自然流露，她不堆砌、不雕饰，读的时候不觉得是在读文章，而是在欣赏一个有形有梦的春天。女人味也是这样溢满四季的回声。

展菱在母亲的熏陶下，从小就喜欢读书，每当周末或者暑假的时候，她常常埋首书堆，她阅读的书包括历史、旅游、文学等多个方面。高中毕业的时候，她的知识就已经非常渊博了。进入大学后，展菱又利用周末的时间学习萨克斯。当然，从小到大，她都没有忽略对修养的提高，在同学们的心中，她是一个才德兼具的女子，大家都非常欣赏她。

大学毕业后，展菱来到了一家知名杂志社工作，虽然工作压力比较大，但是展菱从来不会忽略自己的外表，就算忙碌，也不显匆忙，她的形象永远都是干净利索的。每到周末的时候，展菱会拿出一天的时间陪父母，或者与朋友们约会，而另外一天时间则用来看电视或者逛街，她的精神总是保持在最好的状态，所以，她总是感觉生活充满了美好，而她的这种状态也让自己大受欢迎。

不久，展菱的同窗留学归来，约她一起吃饭，当他看到如今的展菱不但才气依然，而且蕙质兰心，一种爱慕之情由心而生。在两个人的交谈中，展菱从来不会只说些无聊的话题，不管他说什么，她都能发表自己的见解。一个有思想、有才华、有韵味的女人，正是他所追求的择偶标准，于是他向展菱展开了爱情攻势。而展菱则是爱情事业双丰收。

正是因为展菱不断地充实自己，才让自己更加有韵味，而这也是让生活更加美满的催化剂。没有人不欣赏有内涵、有韵味的女子，所以，修炼女人味，做一个有韵味的女人对女性朋友来说相当重要、势在必行。

有一位旅美女作家回国后，极其鲜明的一个感觉就是国内中年女性与美国的同龄女人在外貌上绝无相提并论的余地。说得真实、通俗一点，在美国，中年女性和年轻小伙子谈恋爱的事司空见惯，而在国内，中年女性脸上早已布满了老祖母的慈祥……世上有一种斗争，虽然最终注定失败，却因精神的美丽而虽败犹荣。女人与时间的斗争便是这一种。

作为女人，没有不希望青春永驻的。但残忍的是，所有的女人，无论她有多大的雄心壮志，最终不免也要老。青春永远只是人生的美丽过客，来不及缱绻情长，便飘然离去。但所幸，还有精神，还有芬芳女人味。令人遗憾的是，现实生活中有许多女人，一到中年便心灰意冷、万事皆休，只知道工作和家务，连最起码的打扮也不在意了。

任皮肤发黄龟裂，任头发乱成一团糟，任服装过时，任大腹便便，甚至，任嗓子粗哑，任举止粗俗，任精神荒芜……这种心灵上的皱纹比脸上的皱纹更让人痛心，好像随着青春的逝去，她的性别也随之抹去了。她不再是个女人，因为她完全失去了女人味，这是很可悲的。青春无法把握，失去了无须惭愧，但女人味却是一种精神，把它丢失了则全是自己的错！

那些天生优雅，温柔，从容的女人，那种女人味，如同随季节绽放的花朵，春天时候是百合，夏天是玫瑰，秋天是淡菊，冬天是水仙。她可以如牡丹，开的雍容华贵，气度不凡；也可以如同小小雏菊，默默伫立，微笑看着别人辉煌。

修养是女人最美丽的外衣

如果说，不美丽是女人无法容忍的事，那么没修养就是男人无法接受的事。外在的美永远是静态的、短暂的、肤浅的，就像深夜的天空中一划而过的流星，瞬间即逝，无法恒存。正因如此，才子纳兰性德才会咏叹那一句“人生若只如初见”。

岁月会给每一张娇美的容颜留下印痕，可是那些懂得从岁月中汲取养分、沉淀内心的女子，却能够在逝去的日子里收获一份修养，让生命弥漫着持久的芳香。有修养的女人，就像是一首朦胧而精美的诗，给人感觉好似读懂了，却又好似更有深意，让人忍不住想要一直读下去。

在某婚恋网站上，男士结识了两位女子。一段时间的网络交流后，男士觉得这两位女子都不错，决定见面聊一聊，真正地认识一下，选定其中一位作为生活中的伴侣。其实，见面之前，男士的心已倾向于A女，因为从照片上看，A女青春阳光，宛若邻家女孩，更符合他心目中的择偶标准。

按照约定的时间，他到了事先跟A女约定好的咖啡馆。只是，一个小时过后，A女还没有出现，甚至连一个电话也没有打来。他苦苦等待，焦急万分，

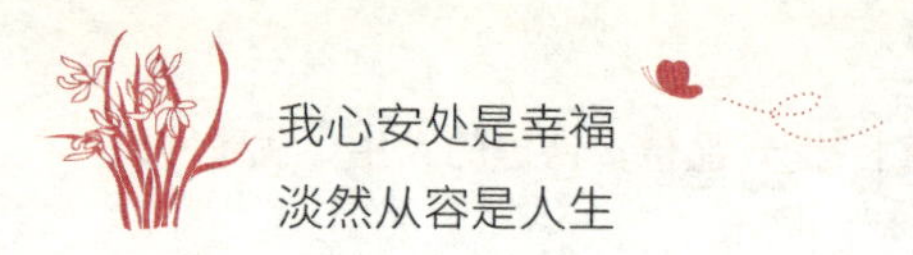

心里也有些懊恼。又过了半小时后，打扮入时的A女姗姗来迟，可她却没有解释自己为何迟到，也没有说一句道歉的话。男士的心，顿时凉了半截，可他不忍就这样断定A女不适合自己。然而，在接下来的交谈中，A女彻底颠覆了他内心的那一份好感与期待。

A女坦白说，自己不会做任何家务，也不想做；提及对婚姻的设想，说得最多的是房子、婚礼和蜜月，丝毫未考虑男士的父母及家境。更让他难以接受的是，A女的谈吐粗鲁无礼，服务员不经意间的碰触，都惹得她一番难听的指责与抱怨。事实上，A女对婚姻所提的那些条件，男士完全可以做到，但他做不到的是，与一位粗俗的女子朝夕相伴一辈子。

几天后，男士与B女见面约谈，地点依然是这间咖啡馆。这一次，他的心情平和了许多，或许是从一开始对B女的印象就是淡淡的，或许是因为上一次A女的表现让他有些失望。可令他惊讶的是，那位穿着白色棉布上衣、淡蓝色布裙的女子走到他的面前时，他居然没有认出来，网站照片中那个看似相貌平平的女子，在生活中竟是如此的清新脱俗。

是的，她的五官长得不是很美，可她周身散发出的气息，却不是A女的容貌可以相比的。B女不仅大方有礼，而且颇有学识，对很多问题都有自己独到的见解。简单而短暂的交谈，就让男士有一种身在童话般的惬意感。他突然想起一句话：最好的爱情，是和对方在一起感觉很舒服。

走出咖啡馆时，男士扫了一眼街上那些打扮得漂亮时尚的女子，却发现很少有谁像B女那样美好。对，不是美丽，是美好。

美丽的女人，少了内在的修养，就如同一只空洞而廉价的花瓶。远远观望，姣好的模样也许能够吸引众人的眼球，可走近之后却再也无法掩饰它的真相——不够精致、不够细腻、不够自然、不够美好，这会让原本有心收藏、珍爱它的人无奈放弃。

某民政局的大厅里，一位先生执意要跟太太离婚。太太不同意，自己付出多年心血跟随他，每天精心打理小家，陪伴他走过了十几年的风雨路，穷苦的日子跟着他创业打拼，从未做过任何对不起他的事。她实在想不通：为何先生如此绝情？男人并不是人们想象中的大款，也没有所谓的情人，他不过是一位出租车司机，起早贪黑地赚钱。

在众人面前，他不顾太太的哭闹，坚持要跟太太离婚，说对方若不同意，就单方起诉到法院。一段经历了十几年坎坷路的婚姻，为何会走到这一步？面对猜疑，先生缓缓地说道："我就像一只气球，吹到了一定程度，就爆炸了。我现在，忍无可忍了。"他说出了执意离婚的理由——不顾自己的脸面，太过小气，斤斤计较；心胸狭窄，动不动就猜疑，彼此间没有信任感；没有一颗善良、充满同情的心。理由一出口，所有人顿时哑然。全都不是什么原则性的大错，可没想到积怨久了，竟然毁掉了一个苦心经营十几年的家，淹没了一个女人十几年的付出。

柴米油盐，零零碎碎，几乎是每个女人都要面对的平淡生活。只是，有些女人在琐碎的生活中活出的是一份精致、一份情调，有些女人活出的却是一份吝啬、一份浅薄和一份苛求。美好的品行，不是恋爱中的刻意表现，它是对生活的固有姿态；良好的修养，不是为了博得谁的好感，而是为了放大自己的生命。

有修养的女人，从不会姑息自己，苛责于人。好莱坞一位著名影星曾说：“我的教育者，就是我自己。”她从未停止过对自己的鞭策，尽管她受教育不多，可是一颗自律和自尊的心，却让她把自己塑造成了一位有修养的女性。

修养，是一种由内至外所散发出的能量，是一种长久融于一身的生活品味和习惯，一种源自内心的需求和表达。这看似简单的两个字，却足够让女人琢磨一辈子，学习一辈子。

任何表面上的美丽都是短暂的，作为女人，不应该只注重外表的东西。但愿，每个女人都能够记住台湾李甲孚教授说的那番话，做一个这样的女子：

“她的造型那么自然端庄，她的身材那么健康修长，她的举止那么动人大方，她说话的声音那么悦耳动听，她的表达能力那么清晰机警，她的智商知识那么充实丰盈。这是我心目中的现代妇女形象，也衷心渴盼妇女们有此修养。”

有修养的女人，善待自己，宽容别人，会真诚地聆听别人的心声，感受他人的喜怒哀乐，尊重每一个人，无论贫穷富有，无论高尚卑微。她们深知，尊重别人就是尊重自己。有修养的女人，不会在公共场合里大声喧哗，高调炫耀，更不会说出尖酸刻薄的话；她们落落大方，举止从不轻浮，永远给人如沐春风的感受。

风情万种，令人神往的情致

纵观国内外时尚杂志封面，几乎千篇一律都采用美人像。细细看来，有的颇觉一般，形象并不漂亮，眼神也很空洞，只是穿着比较时尚；有的虽堪称绝代佳人，但形神之间，总感觉缺了点什么，她只是美，却少了撩人的情韵，难以给人深刻的震撼；有的虽然形象平平，但细品之下，顿觉她女人味十足，让人过目不忘，一招一式皆风情。

不少女人都有一双明亮的大眼睛，可这样的大眼睛，只是造物主捏塑出来的美丽，而且是否真正美丽，还大有疑问。有风情意味的女人眼睛绝对是耐看、耐读的。它是心灵的传感器，让阅读者产生心灵感应。一个好演员的眼神里，必是写满风情的，导演称之为“眼睛里有戏”。只是戏台上的人生是百变的，好演员的眼里更需要有百变的风情。日常生活，当然不同于舞台人生。生活中需要的眼睛，应该是至诚、至真、至纯的，善于把内心的风景通过眼波流露出来，会让人感到你可爱，娇嗔毕现。

有的女人有着一副苗条的好身材，并自诩为性感迷人，走起路来婀娜多姿，自我感觉特好。这种女人即使当上了模特，仍难以评上高分。因为她走出的猫步，虽然很标准，但在肢体语言上，总感少了点风情；论“三围”她或许已达标，但那些徒有外表的“硬条件”，只能说明她有些性感而已。它们只是机械的陈列，僵硬的拼凑，缺乏灵性，没有韵致，类似对毕加索线条的拙劣模仿。那些标准的猫步，只能提示她很专业；僵滞的表情，也只能说明她很木然，缺乏人性化的人文气息。

相反，有些女人即使不是模特出身，但其形体风情却显山露水。走起路来，风情顿起，让人感到是一幅移动中的画，如清风扑面，如婷婷玉莲，怎么看都秀色可餐。

这就十分微妙。风情实在是附在女人身上的精灵，无色无香，令人捉摸不透。也许它是一股“气”——女人气；也许它是一种“感”——女人性情的通感。它可以藏匿，也可以外泄。一藏一露之间，方得女人之佳妙。

女人身上的每一处细节，都可能成为风情的诗句。有人说：我想刻意地使自己“深沉”，把自己的风情掩饰起来，难道就不行？说起来容易做起来难。因为“风情”本质上是很精神化的，它无形无色，像丘陵的微风，你感觉不到它的存在，却看得见满坡枝叶的摇动。树欲静而风不止，这股风来自内心。

现代女人并不惧怕风情，她们深知“风情”二字，就像“性感”一词那样，绝非贬义。风情是非常女人化的一种成分，是女人活色生香的精神化版本。风情女人，是最有内心风景的女人。

妩媚风情的女人，举手投足间袅袅婷婷，一笑一颦中风情万种，谈笑风生时优雅动人，婀娜多姿的女人让人顾盼生怜，端庄妩媚的女人让人倍感流连。女人的风情是一种俏丽，一种恬美，一种个性，一种底蕴，是女人味的表现，也是女性美的体现。女人如水般明净，水的流动便是女人的灵动，而妩媚的女人则更能让人怜惜。泼辣的女人难以让人与之共处，风风火火的女人也难以表现出自己富有女人味的一面，而妩媚的女人更有女人味，她们将女性的柔美表达得淋漓尽致。

具有妩媚风情的女人，不但能获得男人的好感，更懂得如何为爱情保鲜，让自己的护花使者永远爱护这朵永不凋零的花。随着时代的变迁，多元化的美女层出不穷，无需计较谁比谁更美，抓住自己的生活，让自己活得精彩的女人才是最成功的。知性的智慧女人让人爱慕，而同时具备妩媚风情的女人，则更能拴住男人的心。

戴玲的老公丁刚人长得帅，事业有成，好多美女都渴望嫁给他，可他却偏偏将容貌并不是最突出的戴玲娶回了家。

丁刚与戴玲是在生意场上认识的。两人洽谈一笔业务的时候，丁刚发现戴玲雷厉风行，言辞铿锵有力，典型的职场领导人风格。虽然丁刚也在寻求一个能够与自己共度一生的女人，但是他却首先把戴玲给否定了，因为他并不想娶一个风格硬朗的女人回家。在工作时，严肃的环境已经让他压力很大了，倘若回家后还不能换一种心情，那他将会感觉非常压抑。

有一天，丁刚去咖啡厅的时候，发现戴玲也在，于是两个人坐在一起聊了起来。此时的戴玲，已经没有工作时那么严肃，在这里，可以看到她笑靥如花，可以听到她朗朗的笑声。她身上所散发出是的女性的柔美，她眼若含波，眉宇间显露出女人的风情万种。马上，丁刚就开始重新审视起了戴玲。尽管两个人曾经在谈判桌上交锋，但是现在，戴玲却完全没有带给丁刚丝毫压抑的感觉，此时的她已经回归本性。

丁刚和戴玲聊得相当投机，他们都追求在工作之余给自己一点放松的空间，经过一段时间的磨合，终于，两人结为连理。

婚后的戴玲依然保持着女人的风情万种。每到周末，她常常会在家设宴，而她与丁刚则像是约会一般，享受晚宴带给她们的乐趣。在这时，戴玲再也不需要像工作场合上那样穿得那么严谨，而是穿着合身的衣服，突显出自己的妖娆妩媚，将自己的女人味表现得淋漓尽致。这让丁刚与她在一起的时候，既能感觉到身心放松，又仿佛来到了人间仙境。戴玲用自己的智慧与风情抓住了丁刚的心，让他能够心无旁骛，专心爱护自己，两个人的家庭生活十分幸福美满。

每个女人都渴望找到心仪的王子，有个幸福的家庭。然而，家庭的幸福不是只靠对方的努力，自己也要为这个家庭贡献一份力量。善解人意的女人懂得如何为爱人排忧解难，而风情万种的女人懂得如何让爱人留恋自己，成熟而富有风韵的女人更会懂得如何照顾一个家庭，如何让男人进取而不颓废，恋家而更体贴。

将爱人的心留住，不是靠将他束之高阁，不是靠时刻监视查岗，而是让他的心永远在你这里，无暇去欣赏别人。一个有品行、有修养、有知识的女人能够获得男人的尊重与欣赏，一个具有妩媚风情的女人则更能够获得男人的宠爱与怜惜。妩媚风情是一个女人更富有女人味的体现，更是俘获男人心的有力武器。

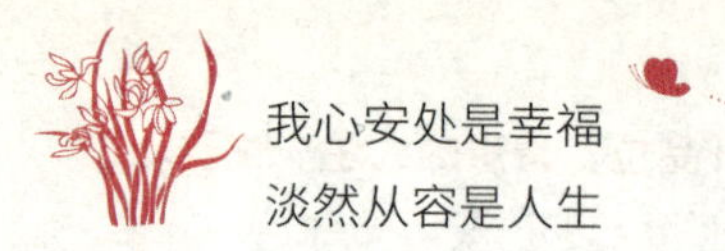

风情是一种女人的韵味，它与女人的性感有联系，但有差别。两者的差别在于：风情女人来自神；性感女人来自形。风情女人富于情调与韵致；性感女人多于性与肉感。风情在于女人对主体的恰当把握，敛与放的分寸至关重要。如若你过于收敛风情，也许就显得端庄、典雅，但韵味寡淡、风情不足；如若你过于张扬，就失之于放肆，流露出风尘味。

优雅高贵，展示迷人的风度

一部《上海的金枝玉叶》让我们认识并永远记住了戴西，一位集优雅、美貌、智慧、高尚、纯洁、坚强于一身的奇女子。出身名门的她在“文革”岁月中历经苦难，在屈辱中活了下来，但她并没有成为一个因心碎而怨恨的老人。

当有外国人问起她的那些劳改岁月时，她能优雅地直起背和脖子说：“那些劳动，有利于我保持身材的苗条。”而她在86岁的时候，与3个年轻女子一起出去吃饭，只在一起走了几分钟，那3个女子就感到像是3个男子陪一个迷人的美女去餐馆，而不是3个女子陪一个老太太。

当然，我们从戴西身上看到的不仅仅是优雅，还看到了一颗像花朵一样芬芳的心灵。她的优雅来源于她所接受的良好教育，来源于她高尚的人格。她的优雅成为她魅力的组成部分。

优雅的女人并不一定要天生丽质、沉鱼落雁。三毛和张爱玲都不是倾国倾城的绝色佳丽，但她们都有绝对的魅力。她们用文字将她们的美别致地表现出来。她们的一生都充满着传奇，她们的一举手一投足都流露出修养、智慧和善良。

女人的优雅是一种贵族之气。贵族这两个字，容易使人联想起17、18世纪的英国上流社会那些穿着华丽、仪态万方的贵太太们。那种奢华与富丽堂皇的日子，使这些贵妇在炫耀穿着、打扮的经验时，言谈中也有意流露着对文学的造诣和对事物的认识和见解。因此，这些女人华丽的装扮背后隐藏着很大的学问。到了21世纪的中国，随着经济实力的增长，拥有“贵族气质”的女人也越来越多。在人们的观念里，贵，金钱也。看看街头上那些穿金戴银所谓的“高贵”女人吧，用钱堆出来的一身“贵”气仍然让人有一种空洞乏味的感觉。而这种空洞又容易使患得患失的女人担心自己的容颜易老，经不起岁月的摧残，变成一个“生锈”的女人。

做一个“不锈”的女人成了女人心底最渴望的秘密。其实“不锈”并非想像的那么难，优雅就是一个最好的妙方。

我们不妨用拆字法对“优雅”这个词进行细致的分析，所谓的“优”所指的是一个人内在的品质、涵养、气度、心态所具有的完美状态，而“雅”则是你内心所处的完美状态的外化，是你那优雅的举止、文雅的谈吐和高雅的形象。因此，优雅实际上是内在和外在完美结合的产物，要找回我们生活中的优雅，就必须从内、外两方面共同着手。

1. 内在

真正的优雅是来自内心的“神韵”之美，是充实的内心世界、质朴的心灵付诸于外的真挚表现，是自信的完美个性的体现。而所有的这些都来自于你所受的教育、你的自身修养以及你对美好天性的培养与发展。但是同时必须注意的是，真正的优雅是装不出来的，最真诚的往往是最动人的。它是你完美的自信个性的体现，要知道你要做的不是奥黛丽·赫本或张曼玉，而是做你自己，培养那份真正属于你自己的优雅气质。只要你相信自己是优雅的，并时刻提醒自己这一点，那么，你的优雅必定会闪耀出属于自己的光芒。

2．外在

米德尔顿大主教曾告诫人们："高贵的品质一旦与不雅的举止纠缠在一起，也会让人厌倦。"优雅的举止如和煦的春风，能给人以舒适的感觉，令人感到轻松愉悦，并给人留下深刻的印象。

爱默生曾说："优美的身姿胜过美丽的容貌，而优雅的举止又胜过优美的身姿。优雅的举止是最好的艺术，它比任何绘画和雕塑作品更让人心旷神怡。"

优雅的举止，可以使人显得有风度、有修养，给人以美的感觉。在社会交往活动中，要给对方留下美好而深刻的印象，外在的美固然重要，而优雅的举止则更为人们所喜爱。

在社交活动中，女性应表现出女性的温柔、娴静、典雅之美，动作要轻柔自如，但不要轻佻，更不可挤眉弄眼，最好能经常面带微笑，使人感到亲切友善。在公开的社交场合，女性的举止一定要自然大方，不要忸怩作态，如有朋友向你伸出友善之手时，应落落大方地与之相握，不可迟疑或拒绝；当人家递上名片时，应礼貌地接下并回赠自己的名片，也可以报出自己的姓名、身份、地址和电话；当对方向你致意时，你应热情回应，或含笑点头示意，以示礼貌。

女性还以亭亭玉立的站姿、轻盈敏捷的步履、温文尔雅的坐姿为美。亭亭玉立是一种挺拔而不僵直、柔媚而又富于曲线的娇美姿态，这种站姿能充分体现女性的纤细身材和柔美曲线，给人以高雅、俊美之感；女性落座，轻盈无声，坐时两腿自然并拢，两手轻放在沙发扶手上或相叠放在腿上，目光平视，充分显示出女性宁静、含蓄之美；女性走路，步履轻盈，快抬脚，迈小步，轻落地，像一缕轻柔的春风，妙不可言。如果女人能做到如此，气质便能自然而然地呈现在众人面前。

小珊是一家外资公司的客户服务人员，她是家里的独生女，而且长得非常漂亮，看到她就会让人有种眼前一亮的感觉。她的学历和能力在公司里都是数一数二的，但进公司两年多了，她还是一个普通的员工，没有得到升职的机会。

其实，小珊在职场上不被重视与她的举止有很大的关系。开会的时候，小珊总是下意识地转笔，笔掉在地上的声音在严肃的气氛中分外刺耳，在座的领导和同事都冷眼看她；和同事聚餐的时候，她动不动就拿出小镜子和梳子来梳理她的头发，有时还会有几丝断发不听话地飘到餐桌上；最要命的是，小珊对自己的美丽过分自信，所以走路的时候总是扭着屁股，让人看着很不舒服；小珊还有很多不良的举止习惯，有时候和客户在一起，她的行为举止也让客户感到无所适从，从而影响了公司的形象。

渐渐地，上司忍无可忍，他告诫小珊，如果还不尽快纠正自己的行为举止，就要请她另谋高就。

温文尔雅、稳重大方、举止得体的女人，会给人留下成熟、值得信赖之感。事例中的小珊虽然其他方面都很优秀，但不良的举止却让她成了职场上不受欢迎的人，也阻碍了她未来的发展。可见，优雅得体的举止在社交、工作和生活中是何等重要。

因此，女人要随时随地做到举止优雅，亭亭玉立地站着抑或是端坐着，保持愉悦祥和的表情，穿着漂亮合体的衣装。但有一些女人虽然穿着漂亮的时装，但只要一坐，整个人就松松垮垮的，一副无精打采的样子，有时候还跷着二郎腿不停地抖动，给人极不耐烦的感觉。这些女人即使穿着再漂亮，也会让人觉得毫无美感，更无气质可言了。

对女人来说，相貌平平不是成为一个美丽、典雅女人的绊脚石，真正的绊脚石是她们的行为举止。要避免这些，我们应该从一点一滴做起，使自己优雅起来。在生活中，更要做到无论是坐、立、行，还是点头、伸腰，都要能让他人感受到女性美。

但是，在平常的生活中经常听到有人抱怨说："我也希望自己长裙拖地、步履轻盈、神情高贵地行走在华丽的宫殿里面，展现无限的优雅；我也希望在落日沙滩、椰树摇曳的美丽画面中悠闲地躺在长椅上，展现迷人的优雅。可是，我没有金钱，也没有时间，更糟糕的是，现代社会这么紧张快速的生活节奏已经不允许有优雅生存的空间了，为赶时间上班我只能在拥挤的公车或地铁上大口大口地啃手里的汉堡，你怎能要求我端坐桌前，举止文雅地一小片一小片撕好手中的面包，再从容地放进嘴里呢？总而言之，对现代女性（尤其是上班族）谈优雅是一种奢侈！"

确实，忙碌的生活节奏为生存而奔忙的压力让现代女性无法生活得悠闲、精致，但是，我们至少应该在现实的生活背景下尽可能地活出优雅品位来。

实际上，优雅的展现方式有很多种，一个眼神、一句话语、一个动作、一抹微笑，无不让你优雅万分。曾听人说起过俄罗斯女郎的浪漫与优雅，哪怕她身上贫困得只剩下一个卢布，也要为自己买一枝玫瑰花，而不是一块可以充饥的面包，这样的优雅让人吃惊，甚至想流泪。正所谓“只要有心，立地成佛”，只要留意，优雅无处不在。

优雅的女人像茶，品尝过后是令人回味无穷的芳香。优雅的女人又像一口井，她的魅力是越挖越多，会留给别人无穷的想像空间。当优雅成为一种自然气质时，这位女性一定显得成熟、温柔又善解人意，无需太多的言语就能与你进行心灵的交流，达成心灵的沟通与默契。

穿出风格，才能彰显气质

女人的魅力是靠自己创造的，学识涵养当然重要，但一个女人如果既有天生丽质的容颜和学识涵养，又会穿衣打扮，那肯定是绝代佳人了。人的长相是父母给的，女人不能因为容颜不够漂亮就自卑，要努力通过适合自己的打扮来改变自己。其中穿衣打扮是很重要的方面，它可以给我们女人增添自信。即使一个不漂亮的女人，只要穿着得体，加上好的修养，一样会显得美丽大方。相反，如果漂亮的女人不打扮、不修边幅、缺乏品位，可能比相貌不漂亮的人还要丑陋十倍。所以，女人穿衣打扮是为了有魅力、有风度，是幸福感流露的一种表现方式。女人穿衣打扮，是为自己，为了夏的凉爽，为了冬的温暖，为了春秋的轻松和自然。

会打扮的女人，可以在举手投足，一颦一笑中显示出某种高贵的气质。人们都说，女为悦己者容，女士的穿着打扮不光是为自己，更希望在自己心仪的男士面前有所表现。因此，你需要学习如何穿衣打扮。清新秀丽，简约大方的穿着与配饰，肯定能衬托出一股清新典雅的脱俗气质。

随着当今社会的发展，人们生活水平的不断提高，女人在穿衣打扮中获得的幸福感也越来越多。

她是美颜神话，更是优雅女神，光阴可以带走容貌，带不走的是永恒的

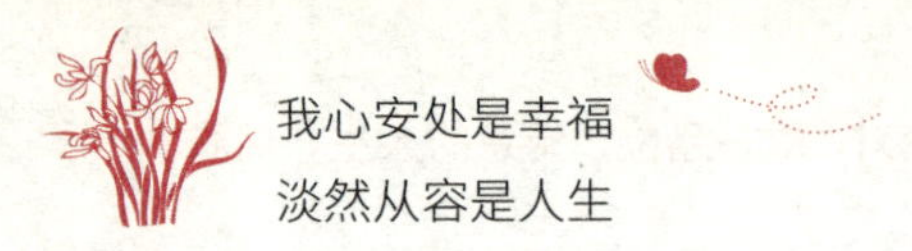

温婉气质。几十年来，她从不是时尚弄潮儿，却独有一份自己的穿衣风格，她是赵雅芝。

赵雅芝在穿衣方面有自己的独特风格，比起小骨架撑不起的欧美风，和花花绿绿的日韩风，赵雅芝的衣品倒是更值得中国女性借鉴，她经常着一袭淡蓝色纱裙，色泽柔美，使皮肤更显白皙，轻纱质地优良版型，更能衬托出中国女性玲珑有致的身材，将中国韵味表达得非常到位！

靓丽的水粉色公主裙、紧身的白T恤、性感的一字领，不但能使她看起来年轻了许多，在看似简单的元素中其实还隐藏了色彩互补的大学问。

印花一直是在时尚的舞台上保持着超高的活跃度，不论是奢侈大牌还是小众品牌，都对印花有着眷恋。而且不得不承认，印花确实让衣服整体的年龄层次下降了许多。这也是赵雅芝对印花T恤情有独钟的原因。

有设计师说裙子一再发展，但及膝裙一直都是万宗归一的大趋势，老少咸宜的及膝裙配上有格调的花纹和高跟鞋，优雅尽显。这种搭配也是赵雅芝非常喜欢的风格之一。

还有牛仔，谁说牛仔专属年轻人呢，看看赵雅芝穿上T恤和牛仔裤，与年轻人不相上下，简单的装备为了提升品位特意搭配一件光亮亮的外套，青春的街头感就出来了。

小风衣剪裁简单，往往不需要复杂的设计便可以体现女人的独特气质，里面再配一件白色的打底衫，这也是赵雅芝日常的经典搭配之一。

仔细想想，女人在日常生活中较大的消费应该就是衣服了，一个没有适合自己衣服或不会买适合自己的漂亮衣服的女人真是挺悲哀的。至于什么样的衣服算漂亮，自然是见仁见智，但是至少你穿衣服要半数以上的人看上去觉得漂亮，觉得适合你才算成功。穿多贵的衣服，多名牌的衣服不是关键，关键是这件衣服适合你的身材和风格，能穿出自己的特点，适合就是最美的。

穿得适合，有独到的品位，即使你不是长得最漂亮的，看上去也会赏心悦目。你不追求新潮的品牌、样式、质地，却能匠心独运地穿出个人的品位，能传达出内心的成熟与丰富，像一杯醇厚的葡萄酒，令人微醺微醉，这才是真正的目的。自己穿衣服不是在做时装秀，重点是要让服装来衬托自己的魅力。

因此，在买衣服之前要先做两件事，首先是要了解自己，包括对自己的身材、气质和职业要求的了解，多花些精力在身材和皮肤的保养以及气质的修炼上，穿再简单的衣服也会显得漂亮。其次是要了解时尚，了解这个时尚是否适合自己，而不是单看衣服的价格和品牌。

在日常生活中不难发现，能够给今天的我们留下深刻印象的穿衣高手，不论是设计师还是名人，其原因都只有一个，那就是他们创造了自己的风格。无论是索菲亚·罗兰身着丝质套裙的感性，还是杰奎琳在太阳镜后的典雅，抑或是赫本在黑色连衣裙中的优雅，都有着一种独特的风韵。

虽说一个人不能妄谈拥有自己的一套美学，但应该有自己的审美倾向。而要做到这一点，就不能被千变万化的潮流和品牌所左右，应该在自己所欣赏的审美基调中加入当时的时尚元素，融合成个人品位。比如，如果你只喜欢裙子的淑女感，也不必排斥宽腿长裤、九分裤等同样能传递出优雅感觉的裤装。毕竟，融合了个人的气质、涵养和风格的穿着会体现出个性，而个性才是最高境界的穿衣之道。

那么，如何才能拥有最适合自己的打扮呢？其实也很简单，一般来说，女人在整体穿着上，如上衣一定要和裤子、鞋子、包包等搭配协调，还要注意饰品以及鞋子的颜色等。

此外，挑衣服一定要与自己的年龄、身份相衬。假若你人到中年，却穿件吊带装、背个双肩包，那就很不适宜，让人笑话。绝对不能身穿西服，脚穿运动鞋，或穿套休闲服，却穿着双高跟鞋，那就有点不伦不类，不协调。

随着年龄的增加、职位的改变，你的穿着打扮也应该与之相称，记住，衣着是你的第一张名片。虽说没有哪个女人对自己的形象是完全满意的，但不要被这种遗憾困住，了解自己的优点和缺点，绝对有助于你穿出独特的美丽。

衣服是附着于人的，但是，对一部分人来说，吸引自己的衣服有时并不适合自己，所以要学会分辨两者的不同，能够理性地放弃“美，但并不适合我”的服装。当然，如果你实在喜欢且财力也允许的话，建议你也不妨奢侈一下，买回来独自欣赏也是件美好的事情。

女人的穿衣打扮有自己设定的价值标准，这就是以生命愉悦为标准。为了让自己活得幸福点，精彩点，女人要乐意为世界装扮，最终愉悦自己。

行为表情显出女人纤纤神韵

举手投足是一个女人自身素养在行为方面的反映，它是体现一个人涵养的一面镜子，并同时传递我们的思想。我国古代对人体的姿态和举止就有“站如松、坐如钟、行如风”的审美要求。

举手投足最主要指动作姿态，主要包括站姿、坐姿和走姿等很多方面。一个女人如果举止不端庄，即使你国色天香，身穿绫罗绸缎，也会缺乏一种整体的和谐与内在的风度。

田佳虽然是个年轻人，却不太注意自己的姿势，走起路来看似有气无力的，站在那儿也是东倒西歪的，给人的感觉非常别扭。一些好朋友经常劝她说：“你这么年轻怎么站没站样，坐没坐样的，看起来一点精神都没有。”她则说：“人只要有能力就行了，女人可不能靠漂亮赚钱，哪有那么多讲究呢！”

然而，就是她身上的一个小毛病，给她的影响却非常大。她有一次找工作时，给一个大企业投了简历，初试、笔试都进行得非常顺利，而且成绩相当不错，她满以为找到这个工作应该是水到渠成的事。可是，她却在最后一道面试的时候被淘汰了下来，其原因就是因为不注意举手投足这么点小事。

最后的面试是由老总亲自主持的，从田佳走进办公室开始，老总就一直皱着眉头，简单问了几句就把她打发走了。那个老总后来对人事经理说：“田佳各个方面都还不错，可是她有气无力的走路姿势实在让人受不了，一个女人连自身姿态都不注意，很难想象她会认真工作。”

田佳就因为这一个简单的原因被淘汰了，可见举手投足也很重要，它在很大程度上左右着别人对你的观感。

优美的站姿

女人的标准站姿应该是：抬头，挺胸，收腹，肩膀尽量往后垂，将身体重心放在脚后跟上，站的时候看上去有点像字母T，很舒服、很自然，显得镇定、从容、大方。总之，蕴含着优雅与美感的站姿会给你平添几分难以言表的魅力，让你从中获得自信。

得体的坐姿

正确的坐姿应该是：膝盖并拢，腿可以放在中间或两边。但是要跷腿的话，两腿一定要并拢。裙子的长短也很重要，一定要保证能遮住膝盖。好的坐相应该是自然、大方、闲适，坐着舒服，看着优美，表现着难以言传的静态美。

风韵万千的行姿

行走是仪态美的关键。其实人们在对时装模特的赞美中就包含着对她如诗如音乐的行走的赞美。正确的行姿应该是：抬头，挺胸，收腹，肩膀往后垂，手要轻轻地放在两边，轻轻地摆动，步伐要轻轻的。不同的步态也可以折射出走路者的职业、性格，甚至心情，但从礼仪角度讲，女性轻盈流畅的步态，会给人留下美的印象，会让人产生美的联想。

必要时的蹲姿

平时我们会不可避免地要蹲下来捡一些东西，这时就要注意不要光弯腰而撅着臀部，这是非常不雅观的。正确的方法应该是：先把膝盖并拢弯下来，臀部向下，上身保持直线，这样一来姿态就会优美多了。

除了举手投足，表情美也是人的仪表美的动态表现，是女士风度美的重要方面。人的表情美主要包括眼睛美、脸部表情美和手势表情美。

眼睛表情美

眼睛是心灵的窗口，眼睛的表情怎样才算美呢？

灵活。这包括眼睛的转动范围和转动频率。表现为思维敏捷的反应，是青春活力的表现，是生命力的象征。在灵活的眼睛里，会给人一种流动的美感。从美感的外部表现看，灵活的眼睛具有美的节奏感。

明亮。明亮的眼睛没有掩盖、没有伪饰、没有愁云、没有迷惘，使人一览无遗。明亮的眼睛是纯净的表现，它给人一种清晰的美感。

要获得眼睛的表情美，注意不要斜视、俯视、不屑一顾、轻浮等不礼貌的眼语。要达到这一点，除了表现的技巧外，加强文化、品德修养是重要的。

脸部表情美

脸能“说话”，人的喜怒哀乐都可以从脸上看得出来。太“硬”或太“软”，板起面孔和媚笑，都会使人感到不舒服，这实际上也是脸部表情的度。所以，脸部的软硬以适宜为度，以体现和谐为美的原则。具体说来就是：

自然明朗。避免做作，不要在脸上堆砌表情，不要夸饰，要给人以自然和清新的感觉。

轻松柔和。轻松柔和始终能给人一种美的感觉。但对长、方脸型的人来说，要注意多一点微笑，因为微笑可使面部肌肉出现某种曲线，中和脸上过多的直线，起到软化脸型的作用，让人看起来轻松柔和，感到温暖舒服。

大方宁静。不要刻意去追求表情，不要作夸张和娇滴滴的伪饰。人的表情和打扮一样，要求自然纯真、大方宁静，以得体为美。

手势表情美

手势是一种无声的语言，如果使用得当，能够完美地丰富人的表情。怎样的手势才算美呢?

简洁明了。手势宜少不宜多，而且要和口头语言相辉映。过多、过滥的手势，只能说明一个人的浅薄和无知。因此，切不可过多使用手势，甚至手舞足蹈，更不要使用让人无法理解的手势。

大小适度。除非演讲等表演场合，手势的活动限度要大小适度。太大，会给人做作的感觉；太小，使人觉得拘谨。所谓落落大方，从手势的角度看就是大小适度。因此，手势的大小并不绝对与决心、力量成正比。

动静结合。如果没必要，不要使用手势。静态的手势仍然可以表述人的感情。不要做一些无意识或下意识的手势，这很不雅观。如你与人交谈时，老是无意识地搓手，会令对方感到不安。手势的美只有静动的交替和恰当的搭配才给人美感。

自然亲切。不要刻意模仿别人的动作，一个人的手势是表情的有机组成部分，对某人是美的，硬移到他人身上就不一定美。相反，有时恰恰破坏了自身的和谐，

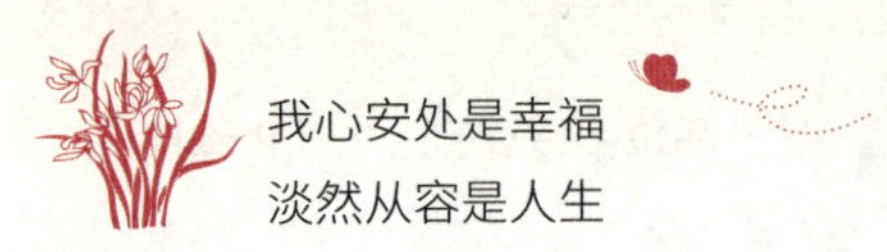

从而肢解了完整的形象。手势的亲切感往往取决于时间与线条。稍稍慢一些的手势会使人感到亲切，手势的轨迹是曲线的就会使人感到软一些、亲切一些。只有自然亲切，才会给人和蔼可亲的美感。

女人要给对方留下美好而深刻的印象，彰显自己良好的气质，就要求我们应当从举手投足等日常行为方面有意识地锻炼自己，养成良好的站、坐、行姿态，做到举止端庄、优雅得体、风度翩翩。

| 第五章 |

拥有情调，让你的生活变得更精彩

情调与年龄无关，是一种平和而从容的心境，是一种淡然处世的修养，是一种成熟女人的生活方式。情调女人的生成，是先天的，也是后天的；情调女人是物质的，更是精神的。情调女人像一本书，也许没有精致的封页，也没有制造卖点的扉页，但读后可以收获感悟，是快乐的，也是轻松的。

情趣，给平淡的生活加点色彩

我们的生活可以很平淡，很简单，但是不可以缺少情趣。一个兰心蕙质的灵巧女人，必定懂得从生活中的点滴琐细中采撷出五彩缤纷的情趣。

小张是一个穷姑娘。一个男生喜欢她，同时也喜欢另一个家境很好的女生。在他眼里，她们都很优秀，他不知道应该选谁做妻子。有一次，他到小张家玩，看到她的房间非常简陋，没什么像样的家具。但当他走到窗前时，发现窗台上放了一瓶花——瓶子只是一个普通的水杯，花是在田野里采的野花。就在那一瞬，他下定了决心选择小张作为自己的终身伴侣。促使他下这个决心的理由很简单：小张虽然穷，却是个懂得如何生活的人，他相信将来无论他们遇到什么困难，她都不会失去对生活的信心。

生活中还有很多像小张这样懂得生活情调的女人，她们懂得在平凡的生活细节中拣拾生活的情趣。亨利·梭罗说过：“我们来到这个世上，就有理由享受生活的乐趣。”当然，享受生活并不需要太多的物质支持，因为无论是穷人还是富人，他们在对幸福的感受方面并没有很大的区别，我们可以通过摄影、收藏等途径培养自己的生活情趣。卡耐基说过，生活的艺术可以用许多方法表现出来，没有任何东西可以被不屑一顾，没有任何一件小事可以被忽略。一次家庭聚会，一件普通得再也不能普通的家务都可以为我们的生活带来无穷的乐趣与活力。

游走于工作与家庭之间，现代女性的生活总是充满了忙碌，白天的时间全部给了工作，下班后还要在家庭中扮演重要的角色，忙于各种家务，生活得很累很辛苦，完全没有了自己的空间。很多女人因为纯粹追求一种物质上的生活而让身体变得乏累，结果往往是得不偿失。而有情趣的女人懂得适时放纵一下自己的兴趣和爱好，每天给自己一段时间，读读书，听听音乐，养个宠物，给自己一个真正的自我空间。时间充足的时候，找个安静的地方闲逛几天，都是一种很好的方式。

丹喜欢旅游，可是因为工作太忙，已经有好多年没有出去玩过了，每次身边的朋友相约去旅游，自己总是因为工作忙没有去成。后来发现，那些整天有事没事就出去旅游的朋友，工作也没有耽误。自己这样辛苦，工作效率也没提高多少。“十一”黄金周，丹终于放下手头的工作，开车去桂林自助旅游，旅途中结交了不少朋友。这里没有个人利益的问题，完全是出于共同的爱好才走在一起的，所以轻松愉快。大家在一起交流最近的旅游心得，相约更大的旅游计划，很是快乐。丹觉得生活也过得丰富了许多。

有些女人，特别是年届不惑的女人，十之八九没有什么爱好。一说爱好什么，头脑里一片空白。有些女人认为每天忙家务还来不及呢，哪有时间培养什么爱好？还有的女人觉得爱好是结婚前、没生孩子以前的事情。这样的女人虽然憨厚实在，但缺少见识、缺乏情趣。

生活，不只有柴米油盐，还有咖啡和红酒；不只有苟且和眼前，还有诗与远方。见过太多女子，为了追逐成功，为了金钱名利，为了给家人更高质量的生活，勇往直前，义无反顾，匆匆不闻花香，没有时间去品味生活的美好，终有一天累得再也走不动，卸下了一身的疲倦，才发觉这一生，除了辛苦与疼痛，一无所有。

一位女影星在七十岁的生日上，感慨地对朋友说道：“别人都以为我这一生很快乐，过得充实有意义，其实不是。我年轻的时候，就在为成为一个电影明星而奋斗，就像是参加赛跑的马，戴着眼罩拼命地往前跑，除了终点的白线之外，什么都看不到。路上究竟有怎样的奇花异草，我却无暇观看。

“几十年后，我有了财富，有了名誉，有了地位，可我依然那么不快乐。我和相爱的男人结婚，有了三个孩子，可我从来没有亲自照顾过他们。我错过了见证孩子走第一步路的样子，没有像普通父母那样出席过家长会，我跟丈夫也聚少离多，最终因感情破裂分道扬镳。我没有时间读自己喜欢的书，没有时间陪孩子去游乐场，没有闲暇和情致到花园去修剪草木。这几十年来，我就像机器一样不停地运转。你们说，这样的一生有意义吗？”

或许，每个女人都乐意享受生活，只是人生短暂，在该享受生活的日子里，家庭和社会的责任让她们在不经意间送走了自己的青春，送走了人生最美的岁月；或者，每个女人都有过对生活的憧憬，只是要做的事太多，在该享受生活的日子里，把所有的精力和心血都花在了琐碎的事情上，想着等到实现了某个心愿，到了怎样的年岁，再去做自己想做的事。

可是，女人啊！你知不知道，岁月经不起太长的等待，今天就是人生中最年轻的一天。该享受生活的时候，别去找借口，别再等待了。要知道，世界不会因为你而停止转动，时间更不会因为你而停止流逝，生活也不会因为你短暂的休憩而颠覆所有。

女人要有自己的空间和爱好，丰富自己的生活情趣，释放自己的身心，让自己有个健康的生活方式。爱好是工作之余的一种娱乐方式，如果一个人只知道上班、吃饭、睡觉，那么她的生活一定是苍白和枯燥的。没有健康的生活方式就不能保证身体上的健康。但有了爱好也不能忘乎所以，忘记了生活中还有很多重要的事情要做。

爱好还会让一个女人保持一份清纯。女人丢掉了清纯，就会走向俗气，甚至会变得俗不可耐了。一个女人一天不管有多忙，都要抽出 30 分钟左右作为自己的专用时间。在这段时间里，要把自己从家务中超脱出来，看看书，听听音乐，回想往日的趣事，让自己永葆年轻女性的清纯。

好的生活方式是在不开心的时候给自己找快乐，学会解脱，忘记忧伤，善待自己，少一些压力，在娱乐中生活工作，在生活工作中娱乐。所以女性朋友们要合理地安排工作与生活，试着放纵一下自己的爱好，去体会活力与热情重新回到你生命之中的快乐。

音乐，让生活更美好

音乐，属于女人，女人用天生的音乐灵感，演绎着生活的舞曲，舞得诱惑，舞得迷人，也舞得心灵有了朝气与活力，从而美化了人生，也美化了女人的灵魂。女人用音乐舞出了自己的人生，舞出了生活的真谛，也舞出了自己的魅力。

胡兰成说："读张爱玲的作品，如同在一架钢琴上行走，每一步都发出音乐。"张爱玲是用文字歌唱；而当蔡琴的《恰似你的温柔》那低沉而唯美的歌声响起，我们可以感觉到，她在用心歌唱。曾经叱咤歌坛的邓丽君，是多少男人的梦中情人，是多少女人羡慕的女人……这些热爱音乐的女人，用自己的歌声记录了一个时代，她们为爱情而歌唱，为生活而歌唱，因为音乐，她们拥有了无穷魅力。

夜晚，在游轮的酒会大厅，他深情地弹奏着，钢琴随着飓风大浪左右摇摆，在光滑的地板上，合着音乐的节拍，左右不停地转圈、滑行。他的身心与音乐，与轮船，与大海，紧密地融合在一起。他是个奇异的音乐家，可他拒绝发布音乐胶片，他说他的人和音乐不可以分开。最后，当废船被炸毁时，他毅然选择与船、钢琴、音乐，一起沉没于海底。

这是《海上钢琴师》中的片段，也是凌夕第三次看这部电影。她像电影里的主人公一样，爱钢琴，爱音乐。她之所以学钢琴，都是受母亲的影响。

母亲是一位音乐教师，可惜在一次事故中不幸失去了左臂。出事后，她无意间看到母亲望着钢琴泪流满面的样子，她知道，母亲是在缅怀她失去的“挚爱”。从那时起，她便想要学钢琴，去弹奏母亲亲自谱写的曲子。

眨眼间，钢琴已经陪她走过二十个春秋。她和母亲合作了几十首曲子，也让母亲在她身上感受到了生命的希望。更重要的是，音乐给了她一份温和的性情、不凡的气质和自爱的心境。

闲暇时，伴着温暖的阳光，静静地坐在窗前，弹奏一支舒缓的曲子，融化了心情，感受到的是满满的甜蜜。有音乐的日子，她从未觉得生活空

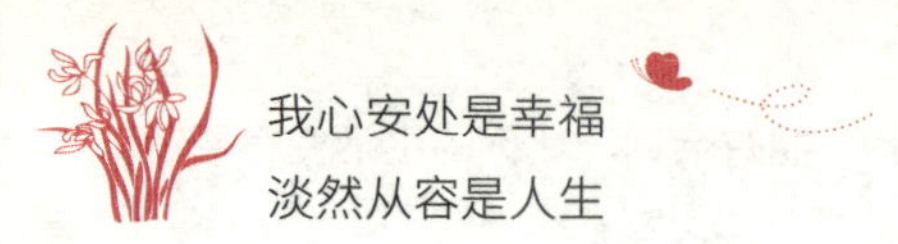

洞乏味，在别人抱怨无聊的时候，她总能把时间安排得刚刚好。

寂寞时，她不会用网络游戏打发时间，也不会去泡吧做夜归人，更不会为了告别孤独的日子而随便恋爱。她会找知心的朋友聊天，会出去逛逛街，买点心爱的玩意儿。再或者，干脆就在家里闭着眼睛弹琴，任时光在指尖溜走。这份自爱，这份沉稳，让她变得愈发淡然。她知道，在这个充满诱惑而又浮躁盛行的年代，耐得住寂寞的女子，才能守得住繁华。

愤怒时，污言秽语不会从她口中出来，尖酸刻薄的姿态也不会显现在她身上。她宁肯给自己放一张《生命交响曲》的CD，在跌宕起伏的旋律中，慢慢释放心里的毒素。而后，长舒一口气，对着镜子微微一笑。人生苦短，何必那么较真？

伤心时，躲在房间哭一场，放一首忧伤的歌。哭过之后，换上一张励志的CD，让一切重新开始，告诉自己，没什么大不了。音乐就像是治愈伤痛的一剂良药，不用求得谁的安慰，它自会让你找到共鸣，为心指引方向。

曾经有人说："生活的苦难压不垮我，我心中的欢乐不是我自己的，我把欢乐注进音乐，为的是让全世界感到快乐。"女人的生命里不能缺少音乐，它是天使的语言，最容易触动心灵，带来至美的享受。音乐可以把灵魂深处的本质力量完整地呈现出来，给心灵最好的滋养。

人生的旅途中，不是所有的话都能够找到倾诉的人，不是所有的心情都能与人言语，更不是每个听者都能懂得你真实的感受。纷纷扰扰的尘世中，每个女人都该给自己最好的宠爱，寻找心灵的安慰，闯过生命的阻拦，抵达平静的彼岸。当音乐响起，所有的喧嚣戛然而止，不快乐的心情会随风而散。茫茫人生路，音乐就像一位最忠实的朋友，与你朝夕相伴，让你的心绪恣意地流淌。

空虚寂寞的时候，听听贝多芬的《命运》、圣桑的《死的舞蹈》，还有斯特拉文思基的《火鸟》第一乐章，跌宕起伏的旋律，富有激情的演奏，会让你摆脱不安的心情；紧张焦虑的时候，听听格什文的《一个美国人在巴黎》、贝多芬的《A 大调抒情小乐曲》，极端放松又松弛的音乐，会给心灵松绑，释放紧张的思绪；沮丧低落的时候，听听优美的轻音乐，施特劳斯的《圆舞曲》，让你的情绪放松，贝多芬的《奏鸣曲》和柴可夫斯基的音乐，让你在沉思与反省中，认清自己，摆脱烦恼。

小资女木棉，经营着一家美式乡村风格的咖啡馆。经典的乡村音乐，让走进咖啡屋的人顿时感到轻松。她说，她爱自己，爱音乐，爱咖啡，爱情调。这间咖啡屋，是她的生意，更是她的栖息地。提及她的咖啡情缘，她缓缓地说——

那是七年前的事了。我下班后，去了朋友推荐的咖啡屋。一下车，就完全被浓郁的咖啡香气吸引了。马路对面是一片青草绿地，混合着这股香气，让我感觉一天的疲倦都消失了。也许，我骨子里就是一个爱浪漫的人，我总觉得，闲暇的时候去喝咖啡，是女人宠爱自己的方式，是一种情调。

咖啡屋的把手是木头的，玻璃门上挂着一块木质的牌子，上面刻着一行英文：*Coffee and Life*（一杯咖啡，一种生活态度）。进去之后，感受到的是

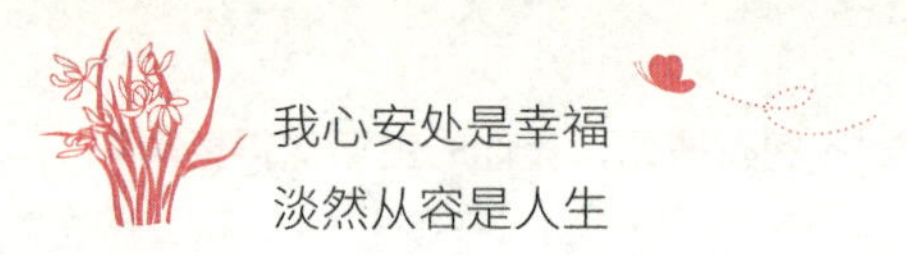

橘黄色的灯光，看到的是五颜六色的咖啡包装袋，墙上和地上都印着咖啡文化。我第一次觉得，咖啡竟然可以这样美。

品着咖啡，听着音乐，望着降临的夜幕，灯火辉煌的街头，一种惬意感、幸福感油然而生。工作的烦恼，生活的压力，在这一刻都化为了乌有。我有点爱上这种感觉了。一杯咖啡快喝完了，我却意犹未尽。我突然觉得，这不仅仅是喝一杯咖啡，而是在享受一种氛围、一种情调。更重要的是，比起逛街购物犒劳自己而言，这种慢节奏的放松，让我的心更平静。

从那天起，我就想开一间自己的咖啡屋。我不是随意说说，也不是为了逃避生活而突然萌生的念头。之后，我就开始利用业余时间学习有关咖啡的知识，也经常来这间咖啡屋和热情的美国老板交流。他很好，教了我很多东西。两年之后，我利用这几年的积蓄，外加向父母借来的一些钱，开了自己的咖啡屋。

坐在这里，看着柔和的光线从墙上精致的壁灯里流泻出来，耳边响起清新的乡村民谣，轻轻地诉说着纯粹的情怀。在这样的氛围里，来一杯浓香的咖啡，让夹杂着苦涩的芬芳传遍身体的每一个细胞……那一刻，我觉得，做女人真好。

这样绝美的情调，这样细腻的情思，唯有如水的女人，唯有懂得生活，懂得宠爱自己的女人，才可以感受得到。

在梦里，在爱里，在无限无知无我的思绪里，让音乐缓缓流过，演绎出你曾经想象却难以捕捉的画面。爱自己的女人，不会丢下音乐；爱自己的女人，会在音符中得到神圣的陶冶，会在时光的流波中永存希望。

烘焙，是美食也是格调

烘焙，与食者是一次唇舌与美味的邂逅，与烘焙者是一次灵感与肢体的快乐交汇；烘焙，让人学会沉淀情绪，享受独处的曼妙，宁静而致远。

烘焙，让人拥有了一批情趣相投的朋友，在彼此的交流中碰撞出惺惺相惜的火花；烘焙，让人生活更加丰厚多彩，注重细节，欣赏美好，从而每天喜欢自己多一点。

对于大多数女人来说，你也许无法利用闲暇之余去改变世界，去实现伟大的梦想，但至少你可以用你的闲暇之余，让生活变得更有趣味，更有温度。

在法国和日本，女孩子们为了提高自己的学识和修养，除了学习文化知识以外，一手好的厨艺，会烘烤一些经典蛋糕也是必修之课，在美食上有品味的女孩绝对让人刮目相看。

一位叫禾子的女孩说手工烘焙改变了她的人生，培养了她认真、细致、耐心、从容不迫的态度，提高了她的创造力、审美观，让她变得更有气质、更优雅、通情达理，也因此找到了自己的真爱。是不是很神奇，一起听听她的故事吧。

禾子是独生女，从小很受父母宠爱，没有下过厨，不会做饭洗衣，更不用说烘焙了。但是禾子很注重培养自己的情操，比如学过钢琴、舞蹈和画画，喜欢把自己打扮得漂漂亮亮的和朋友逛街，是位很时尚也很骄傲的白领。可是总是觉得生活有很多不如意，不大爱听父母的各种“啰嗦”，对这个社会有很多不满，也经常换男朋友和工作。

改变发生在某个周末，在朋友的硬拉硬拽之下，禾子一起去参加了一次手工烘焙课，从未下过厨的禾子开始一点也提不起兴趣，只是在一旁冷眼观看。其他参加烘焙课程的学员都是一些烘焙爱好者，大家在制作过程非常的认真，还有说有笑，轻松开心的氛围慢慢感染了禾子，她也不由自主的参与了进来。大家做好蛋糕后，一起品尝烘焙老师准备的下午茶点，禾子也第一次尝试了手工蛋糕的味道，入口即化的美味瞬间打动了禾子，让她从此爱上了烘焙！禾子决定再去参加那个烘焙课程，想好好感受一下自己亲手烘焙的过程。

又是一个周末，禾子如期的去了烘焙教室，和其他学员一起学习。没有任何烘焙经验，也没有厨房经验的禾子显得特别紧张和不安，不仅在称量上出了错，搅拌手法也上也笨手笨脚的，几乎失去了信心。还好烘焙课是小班教学，烘焙老师可以手把手的指导，禾子也一点点进入状态，认识了什么叫刮刀，什么叫打蛋器、打蛋盆，什么叫翻拌手法等等，并在最后和其他学员一起把蛋糕做得非常成功，人生从来没有过的感动，在禾子的心里油然而生。

之后每周末禾子都会去烘焙教室学习新的蛋糕，禾子的烘焙手艺在短时间内迅猛提高，做出的蛋糕有模有样，口感也越来越好。禾子变得不再骄傲了，因为她想要追求更美味、更精美的蛋糕，对自己的烘焙技艺要求也越来越高。

学会烘焙的禾子开始把做好的蛋糕和父母、同事们分享。爸爸生日那天，禾子亲手制作了一个非常漂亮的巧克力蛋糕作为生日礼物送给了爸爸，还附

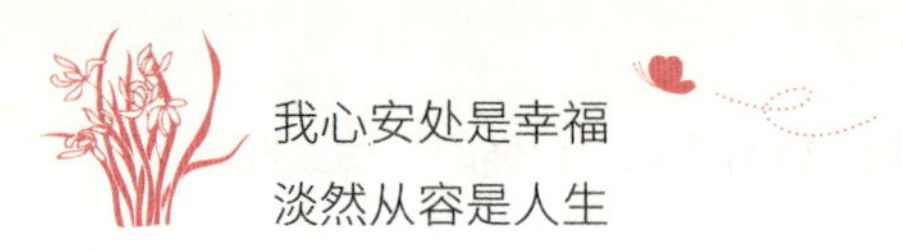

上一张小小的贺卡，上面写道：“亲爱的爸爸：现在我才知道你们每天重复的做饭洗衣这些看似简单的事情和唠叨的话语其实是给我最大的关爱，谢谢你们！我爱你们！祝爸爸生日快乐！”禾子爸爸那天品尝蛋糕的时候眼泛泪光，说禾子做的生日蛋糕是世界上最好吃的蛋糕。

而在公司，每个周一下午成了大家小聚会的时间，因为那天可以品尝到禾子周末制作的各种手工蛋糕！同事们对禾子的手艺都赞不绝口，大家都争着品尝禾子的蛋糕，禾子心里美滋滋的，感到所有烘焙的劳累和辛苦都是值得的，越来越觉得同事们是如此亲切可爱，每周一去公司上班成了禾子很期

待的事情。

禾子在一次给大家品尝自己的手工烘焙产品的时候，来了一位很有魅力的男同事M，M是海外归国的甜品控，特别喜欢吃甜食。在国内能吃到如此美味的蛋糕，M说很感动，非常感谢禾子。M还非常欣赏禾子能如此认真、坚持的去学习烘焙，几乎每个周一都会去品尝禾子的手工蛋糕，互相欣赏的两个人的距离变得越来越近，现在M成了禾子的未婚夫，禾子说自己的幸福来得很突然也很自然。

在烘焙中，任何一个称量的失误都会导致失败，每一款蛋糕的制作都有特定的程序，需要按照配方的各个步骤去做才能有美味和美丽的结果。

有一次学习制作戚风蛋糕，禾子经历了无数次失败，明白了大家把戚风叫“气疯”的理由。第一次是烘烤过程禾子中途打开烤箱想看里面的状态，结果造成戚风内部出现空洞，蛋糕塌陷，导致失败。第二次蛋白泡搅拌状态不够，结果烤出来的戚风没有膨胀起来，高度没有，又失败。第三次烤箱上火过旺造成上部烤焦下部不熟的状态，再度失败。第四次蛋黄液和蛋白泡混合的时候搅拌过度，造成空气大量消失，结果蛋糕也没有膨胀起来，根本没有高度，还是失败。但禾子没有放弃，在第五次尝试的时候，纠正前面的各种错误，终于做出蓬松、细腻、口感很好的戚风蛋糕。禾子说经历这些失败，自己的人生都进步了。

在制作出美味的蛋糕之后，如何修饰让它们更漂亮，又如何摆盘，这都需要很好的创造力、艺术修养和内涵，禾子学过画画，在这方面已经很有天

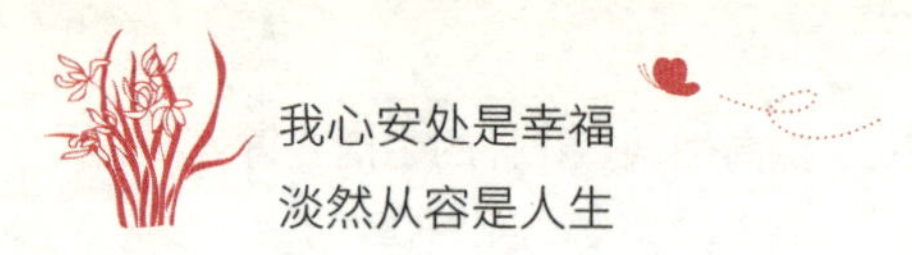

赋，但是禾子没有满足，决定去各种艺术馆观摩学习，培养自己的审美意识，也自学桌面摆设艺术，想让自己制作的蛋糕摆在一个精致高雅的餐桌上。禾子突然觉得自己的时间是那么的不够用，想要学习的东西越来越多，生活也变得无比充实起来。

一份美食，精心选材、烘焙、装盘……在每一个步骤中，体验烘焙的乐趣。对于大多数喜欢烘焙的女性来说，烘焙更像一场细腻浪漫的旅行，从细微之处可以不断发现惊喜。

心灵箴言 proverbs

喜欢烘焙的女人一定是个热爱生活的人，这不仅因为烘焙需要心灵手巧，更因为烘焙是一个将自己对生活的爱、对亲人的爱、对朋友的爱，一点点调和、发酵、烘焙的过程。

花艺，插出快乐新生活

一个花器，一块花泥，几棵绿色植物，几枝花，在花艺师的手里，稍加摆弄，就可以插出一盆很有意境的花艺作品。

为什么说花艺可以让女人的气质更优雅呢？因为无论是鲜花或者植物本身，还是插花所用到的花器，都是很美的东西，而人们在做花艺时，更需要静下心来，仔细观察你的花器和花材的搭配，然后想好自己所要创作的花艺主题，还要考虑你要做的花艺是摆放在哪里的。这样的过程，你可以把浮躁的心平静下来，学会观察和思考，当作品完成后，你会享受到一种来自美的成就感。

蔡琴对生活中的每一个细节都有美的享受。比如，她所住的每一个房间都有鲜花陪伴，并且亲手对它们进行修剪，决定花茎的长短和每片叶子的去留，这个过程会带给她很多快感。蔡琴说：人不可能不老，但人的心可以不老，心态决定状态。每个人应该认真面对人生中的创伤，深深领悟人生哲理，摆正心态，这样就会让自己越活越愉快，越活越年轻。

每个人都有自己的爱好，有的人喜欢画画，有的人喜欢摄影，有的人喜欢烘焙，有的人喜欢插花。

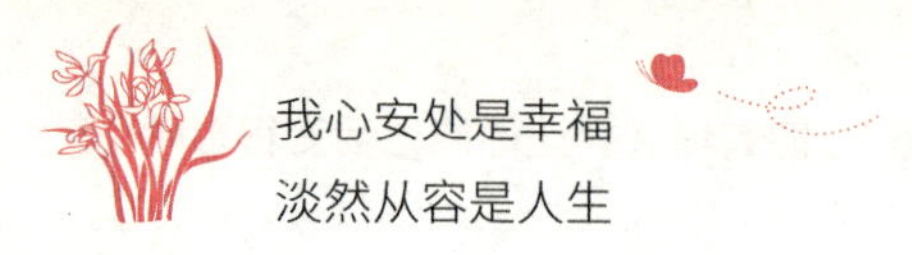

每一朵鲜花，都像飘落在凡间的天使，它们或娇艳柔媚，或清新淡雅，给人带来快乐幸福。

不管是什么颜色，不管是什么样子，它们的美，总能让人感到心动。

川端康成说：凌晨四点，看海棠花未眠，看到花开，再难过的事情，也会搁置一边吧。

人们常说，女人如花。热情奔放的是玫瑰，气质雍容的是牡丹，清新淡雅的是水仙，妩媚娇艳的是桃花。爱上插花的女人，总能在花花世界中，找到属于自己的那朵。

一瓶插花，放于办公桌前，让你在繁忙疲惫中，可以偶尔品茶赏花。

一瓶插花，置于家中，让你在柴米油盐的生活中，也不忘诗与远方。

和普通的太太一样，朴今兰自从结婚以后，便过起了相夫教子的生活。朴今兰感觉曾经那个要强、独立的她已经渐行渐远。老公每次看到无精打采的她，也越来越提不起兴致。家庭氛围也越来越死气沉沉，再加上抚养两个孩子的沉重的经济压力，朴今兰和丈夫冷战不断。一次偶然的机会，她接触到了插花花艺，便深深地爱上了。或许是因为天赋，也或许是因为努力，朴今兰的插花技艺在很短的时间内就有了极大的长进。自从有了这个爱好，朴今兰感觉自己“重生”了，闲暇的时候就会研究各种插花技艺，每次看到这些美丽的“小生命”从自己手上诞生的时候，朴今兰感觉世界都亮了。这样的忙碌让她精神抖擞，家里也被各种插花装点着，整个家庭氛围也恢复了往日的温馨和活力。不多久，朴今兰就成为了韩国少有的“会长”级别的插画师，她的作品获奖无数。

随着知名度的提高，朴今兰收入也大大提高，不仅买了车又买了房，很多粉丝也慕名前来拜访，一些人甚至花重金，求朴今兰为其设计制作插花作品。朴今兰用自己的双手把自己的两个儿子送进高级贵族学校。某一天，朴今兰的大儿子突然拉着妈妈的衣角说道：“妈妈，您为什么不让更多的人

学会这美丽的插花技艺呢!”儿子的这句话突然点醒了她，对啊，我是插花的受益者，为什么不能让更多的姐妹也能够学会这项本领去装点她们的人生呢!于是，朴今兰历时十年时间，终于在中国创立了韩式贵族顶级花艺品牌“韩芝缘”。她所提倡的朴素、淡雅、空灵的韩式插花花艺风格也渐渐取代了以往的炫彩和妖艳。

如今，朴今兰不再满足于仅仅培养有水平的花艺师，她想要把插花变成一种追求精致生活女性的选择。她结合当下流行的互联网趋势，打造出“互联网+花艺文化”创新商业模式，借助互联网的东风，开展“教、学、赏、玩、享”结合的系列花艺课程，并利用当下流行的视频直播，获得数万粉丝的关注。

插花的益处不止这些，它还对生活养生有许多的好处。“赏花乃雅事，悦心又增寿”，赏花是一项有益于身心健康的活动。花的香味分子经人的呼吸道黏膜吸收后，刺激了人体嗅觉细胞，进而影响大脑皮质的兴奋作用或抑制活动，调节全身新陈代谢，平衡神经功能等。当芳香油的气味和人鼻腔内的嗅觉细胞相接触时，会通过嗅觉神经传递到大脑皮层，使人产生“沁人心脾”之感，使血脉调和，气顺意畅，这样也就自然而然地调节了人的各种生理机能。“常在花间走，能活九十九。”当人满怀忧愁时，步入花的世界，花香沁人心脾，忧愁自然烟消云散；当人怒火中烧之际，来到百花丛中，香气袭人，也会令你心平气和，并有“观赏百花，怡心养性”之感。“七情之病也，香花解”。花能解语。花香馥郁，花亦如人，观之闻之似能解人苦乐。淡香仿佛在轻轻诉说，浓香犹如在欢愉地歌唱，芳香恰似在唤起美好的回忆，幽香好像在安抚烦乱的思绪。古人云：“用笔不灵看燕舞，行文无序赏花开。”清代著名文学家袁枚也有诗云：“幽兰花里熏三日，只觉身轻欲上升。”这些诗句，都说明了赏花与养生的密切关系。

插花不仅可以随时随地用来点缀自己的居住环境，使家庭生活更增添一份美感和温馨，而且也是探亲访友、迎送宾客最高雅、最珍贵的礼品。

学习插花，可以时常与花做伴，以花为友，不仅给你带来大自然的美感，同时各种插花作品所展示的丰富内涵——或热情欢乐，或典雅秀丽，或雍容华贵，或傲霜斗雪，或坚韧刚毅，能逐渐美化、净化人们的心灵，陶冶人们的情操，起到修身养性、增进友情和传递信息的作用。

插花让人必须不断地丰富和提高自己的文化艺术修养，使作品具有传情、动情、充满诗情画意的意境美和精神美。要深入地去了解插花艺术，对它产生兴趣，努力的发展，那么自己的情操也有了进一步的提高。

插花既可以美化家居生活，又抗污染有利身心健康。花一点心思，多留心细节，就能给家人给自己的生活多一份健康，多一份关爱。插花艺术可以帮你做到这一点。

心灵箴言 proverbs

爱花的女人是优雅的，也是娇美的；爱插花的女人是情感丰富的，也是懂得生活品味的。插花，将远离的、模糊的四季风情移入这雅致的花器里，它在心间劈出尺寸空地，让盎然的绿意进驻，让清新美丽的花儿在身心间触动，卸下沉重的负荷。

行走，来一场说走就走的旅行

花开一季，草木一春。女人最风光靓丽的日子只有短短十几载，不要把自己湮没在生活的琐碎里，即使再忙也要多出去走走，看看外面的世界，丰富自己的人生。

女人都喜欢看言情剧，我们总会看见这样的片段：当看到那些女主角闷闷不乐的时候，男主角说："亲爱的，你需要出去走走。"我们大多数女人都会对男主角嗤之以鼻，觉得他不理解女人的心思，其实，这句台词恰好表现出了男主角的睿智。

女人的心是敏感而脆弱的，她比男人更容易受到周遭环境的影响，一个人在一个地方待得太久，心灵就会麻木，那些郁闷的心情也会堆积在心里，找不到宣泄的出口。这个时候如果我们出去走一走、看一看，就会豁然开朗，而这种外出并没有任何目的，随性所至，就那样看看周遭的变化，周围的人们，这个世界在经历什么，人们又在做什么。有时候一个人走在人群中，会体会到自己的无知与渺小，领略到现实的坚硬与质朴，感受到生活的简单与纷繁。我们也可以让自己在走的时候，放下所有的纷纷扰扰，让自己的心得到休息。所以，女人要爱自己，就要为自己的心找到一个很好的休息方式，常出去走走是个不错的选择。

卓依是一家杂志社的编辑，她每年都会让自己休息一个月的长假，去各处旅行。工作的时候，每天都要和文字打交道。每天邮箱里都会收到各种各样的稿件，良莠不齐，都要一一查看；很多时候她会为没有合适的稿件而发愁，就要动员知名作者来写稿，之后就是不停地催稿；还有读者褒贬不一的来信，都要一封一封地阅读，对于合理的有建设性的建议，要提交给上司；对于那些严厉批评的意见还要一一回复及解释……

长时间的工作压力，使她疲惫不堪，于是，她每年都会请一个月的长假，出去走走，在旅行中忘掉纷扰和烦恼。前些日子她去了漓江，在湖光山色中，头脑里唯一的念头就是让自己放松，每天考虑的事情就是今天去这里玩、明天要去哪里玩……经过一个月的游玩，她抛下烦恼，带回了轻松与快乐。

我们都喜欢释放心灵的感觉，而这种感觉得来也非常简单，我们可以在晚餐后，披着傍晚的余晖，一个人独自出门散步，让轻柔的晚风抚平我们起褶皱的心灵；我们也可以在周末骑着单车到郊外去呼吸新鲜空气，在蓝天白云下享受大自然的美好风光；我们还可以一个人背上背包，跋山涉水，去寻找最原始的清凉……女人疼爱自己的方式很多，当悲伤来袭，不要躲在房间，暗自神伤，放下那些牵挂和羁绊，那些纷争和困扰，出去走走，外面有广阔的天地和我们一直忽略的风景。

一艘游轮正在地中海蓝色的水面上航行，船上有许多夫妇，也有不少单身的男女穿梭其间，人们个个兴高采烈。其中，有位神采奕奕的单身女性，大约60来岁，也随着音乐陶然自乐。

很多人都认为这位上了年纪的单身妇人这一生一定过得很幸福，其实她也曾遭丧夫之痛，但她没有因此一直沉湎在痛苦之中，而是把自己的哀伤抛开，毅然开始自己的新生活，重新开始生命的第二度春天，这是经过深思之后所做的决定。

以前，丈夫在世时，他是她生活的重心，也是她最为关爱的人。丈夫去世后，她也有过伤痛和迷茫，那一段时间，她很难和人群打成一片，或把自己的想法和感觉说出来。因为长久以来，丈夫一直是她的伴侣和精神支柱，丈夫的突然离去，让她的生活失去了重心，她不知道怎样生活才能让自己的余生不再是灰色的。

她后来找到了自己的答案——要想找回失去的快乐，就必须找到把伤心

排遣掉的方式，所以，我不能把自己封闭起来，我得出去走走。想清了这一点，她擦干眼泪，换上笑容，不再把自己关在屋子里，她有时间就去拜访亲朋好友，尽量制造欢乐的气氛，却绝不久留。从那时起，这位妇人又参加了许多类似这样的旅游，所到之处都给人留下友善的印象，人人都乐意与她接近。她也终于走出了生活阴影，变成了一个开朗乐观的人，重新拾回了属于她的快乐和幸福。

人生如四季，有温暖的春天，也有严寒的冬天，无论是谁总难免有不愉快的事情，只要你心中选择了阳光，你就会拥有阳光的灿烂。“出去走走，忙里偷点闲，出去走走，烦恼抛一边，好心情就在一瞬间。随绿色蔓延，从嘴角到心田，从今天到永远，热雷雨过后，挂一道彩虹，天空多耀眼。”这是苏有朋曾经红极一时的歌，是啊，为什么不出去走走？既然选择了生活，为什么不活得好一点？所以，生活中的我们也应该像这个老妇人那样，懂得如何排遣心中的忧伤。

日子多半是平凡的，甚至很多都是平庸的，挣扎地反抗激不起生活的一点浪花，可是，我们又能抱怨什么呢？这就是我们无法改变的现实。面对生活的压力，女人，要学会自己疼自己，不快乐的时候，尝试着牵着自己的手，进行这样一次漫无目的的散步，你会发现，你的心情豁然开朗，仿佛进行了人生的一次洗礼。

出去走走，能让我们的眼界越来越宽阔，让我们的心胸越来越豁达，让我们的心灵获得一片宁静，永远保持一种淡泊清净的心境，就能够理智、从容地对待生活，就能让我们的心灵永远保持年轻的状态。我们就会发现人生处处有美丽的风景，生活时时有温馨的笑靥。

艺术，被艺术熏染的生命最美丽

女作家严歌苓的作品《娘要嫁人》中，塑造了几位热爱生活、热爱艺术的浪漫女人。

齐之芳，一个面容姣好、生活讲究、热爱唱歌的寡妇，故事的主人公。丈夫王燕达原在消防大队工作，在一次救援事故中不幸牺牲，留下她和三个孩子。生活不易，对她而言更是艰难，可她依然像从前那样，穿戴整洁，梳着一条美丽的辫子，在电报局里带领别人唱歌。她是一个热爱艺术、崇尚爱情的女人，她的歌声打动了许多人，感染了许多人。

都说艺术能够陶冶人的情操，其实爱艺术的女人，内心都是纯净的。齐之芳面对不同的追求者，始终坚守着自己的爱情底线，遵从自己的初衷，只选对的，而不是轻易地出卖自己的幸福。与剧中那些肤浅的邻居妇女相比，她并没有变成一个世俗的女人。

齐母，一个充满智慧的老太太。她宽容大度，端庄大气，永远不急不躁，笑脸盈盈，对生活、婚姻有着乐观的精神，也有着自己独特的见解。看着女儿悲惨的命运，她安慰着说："没有一个人的心不是千疮百孔的。"在面对市井儿媳小魏的大吵大闹时，无论自己多不喜欢、多看不惯，她依然保持一份淡定，在房间里用老式的留声机放一张碟，轻哼着音乐。到最后，老伴儿去世了，她干脆随身带着收音机听广播，沉浸在音乐的世界里躲清静。艺术，给了她一份如水的心境，也给了她一份最端庄、最淡然的气质。

崔淑爱，一个爱音乐、爱弹琴的女人。先是无端地被卷入一场误会中，让人以为她是王燕达的情人。事实证明，他们不过是同样热爱音乐的朋友。后来，她那优雅、文静、知书达理的性情，深深打动了齐之芳的哥哥。严歌苓用崔淑爱的存在，与那气死父母、侮辱妹妹的市井的媳妇小魏形成了鲜明的对比。艺术带给她的，是不温不火，是通达善意，而不懂艺术、从未被艺术熏陶过的女人，在岁月的冲刷和渲染下，会变得庸俗而肤浅。就像剧中的末尾，齐之芳的女儿说："或许，舅妈（小魏）原不是那样的人，是岁月把她变成了那样。"

岁月对每个女人都是公平的，可是女人在岁月中用什么样的方式去生活，抱着一颗怎样的心去生活，是完全可以选择的。那些热爱艺术的女人，生命里总会闪烁着动人的光华，那是精神上的支撑与引导。

看看那些谈吐不俗的优雅女人，她们往往都热爱着艺术，并让艺术成为自己生命的一部分。她们不会用大把的时间来看冗长的偶像剧，也不会一心只沉浸在柴米油盐的算计中，更不会在人前背后搬弄是非，传播什么八卦新闻，却在该说话的时候说出有见地的想法。闲暇时，她们可能会去听一场音乐会，看一看画展，学一门技艺。她们对音乐、绘画、文学都有自己的看法，和这样的女人聊天，感觉是一种享受，她们所说的话，总显得很有格调，给人以启发。

四十岁的茹姐，看起来虽不如二十岁的女孩那样楚楚动人，可与二十岁的女孩站在一起，她的气场却能震慑住那些青春妙龄的女孩。她喜欢画画，这个爱好从十几岁时就开始了。因为家庭条件一般，当年母亲还曾因为这件事指责过她，说："你要买颜料，买画板，花了不少钱。你若真喜欢，就等有钱了再去画，日子还过不过了？"

她没有回应母亲的话。许多和母亲一样生长在特殊的年代、经历过贫苦和饥荒的人，看自己的所作所为，就是一个不会过日子的女人。不仅如此，还有许多不理解她的同龄人，说她是"装样"。

她从不怀疑艺术的重要和必要，她知道，金钱和艺术是两回事。许多人有钱，可未必懂得品位高雅的生活。她爱艺术，更不是为了做给谁看，不是为了附庸风雅，拿出来作秀。她喜欢用画笔把自己看到的、感受到的东西画下来，这是一份对生活的感知与热爱，是心灵上的东西。

从少女时代到结婚，再到步入中年，她始终热爱着艺术。她说："生活的变动太大，什么都可能背叛，可唯独艺术不会。就算全世界的人都背过身去，可绘画还是我最可靠的朋友。它是有生命的，它源自生活里的点点滴滴。每一件作品，都是我用心、用生命刻画的，都注入了我的灵魂。我喜欢用这样的方式表达自己的感情和思想。在绘画的世界里，我学会了独立。"

与茹姐有着相同感受的，还有独爱舞蹈的 Linda。许多见过 Linda 的人，都会被她的气质感染，那曼妙的身材，优雅的步伐，微微扬起的头，挺拔的姿态，任谁看了都觉得美。接触她的人都说，她看上去至多三十岁，实际上，她已经三十九岁了。现在，她总是陪着女儿去学舞蹈，自己也练习，不是为了成为多么优秀的舞者，只为陶冶情操，丰富气韵。当然，跳舞给她带来的还不只这些，在多年的舞蹈生涯里，她还学会了审美，活出了一份不朽的青春。

女人，不仅要做舞台上的舞者，更要做生活中的舞者。坎坷与不平难以避免，可不管遇到什么，艺术都能够给女人带来一份舒心的安慰。热爱艺术并把艺术融入生命的女人，会感受到艺术带来的情怀与安抚。如此以来，被艺术熏染的女人才不会陷入容貌的囹圄。艺术带给女人的，远比想象的要多。

生活对女人而言，或许是显得有点累，因为要顾及的人、顾虑的事太多。因此，女人更需要热爱艺术。这就如同，在冬日的寒风里送自己一件暖暖的外衣，在夏季的雨天给自己撑一把伞，用艺术来帮助自己抵抗岁月的侵袭，让自己在忙碌与辛苦中不失格调。

| 第六章 |

清理生活，彻底告别忙乱烦

人的一生，忙忙碌碌。人们不停地往自己的身上堆加，爱与恨，情与仇，成与败，失与得，如此等等。可是，这些东西，除了满足一时的欲望，别无他用。生带不来，死带不去。人生是长途旅行，身上的负重越多，你会越累，我们要轻装前行。人生，需要不断的清理自己。

断舍离，从容面对冗杂的物、事、人

“断舍离”的概念来自日本，是由物到人的生活整理术，通过审视自己与物品的关系，学会整理和舍取，从容面对生活中冗杂的物、事、人。在物欲绑架生活成为常态的当下，我们每个人都需要给生活做减法，走出自己设下的人生樊笼。

早在 2010 年，修习瑜伽多年的山下英子从瑜伽行法哲学“断行、舍行、离行”中提炼出“断舍离”的物品管理方法。当时她以“杂物管理咨询师”这一特殊职业出版了居家收纳书籍，很快她的理念就得到广泛关注和热烈回响，“断舍离”这个词还获得当年度日本流行语大奖提名。

山下英子老师随后将这种思维逻辑拓展到生活的各个领域，并积极参与各种宣传推广活动。2014 年，简体中文版的《断舍离》正式登陆中国大陆，很快占据畅销图书榜，热度不断上升，引发都市精英人群的广泛讨论。

所谓的“断舍离”，就是一种减法思维：

断——断绝不需要的。

舍——舍去多余的。

离——脱离执念。

从最表层的生活物品管理，到人际关系、人生态度，生活的方方面面都能用“断舍离”的观念进行内省，最终丢掉执念，平衡欲望，回归简约自由的精神状态，收

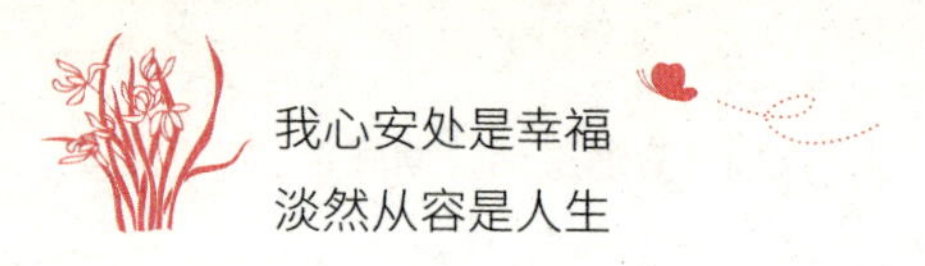

获轻松丰沛的人生。简单地说，“断舍离”就是教你摒弃过多诱惑，将有限的精力投注到切实需求的人事物中，在欲求无限的人生钢丝索上轻盈前行。

传统的物品收纳方法大多是在尽量不减少物品数量的基础上，花费大量时间、空间、劳力、精力进行整理。而“断舍离”提出将“我”放在主体位置，以“我，现在，要不要用”三个词为判断标准，思考当前环境中“我”与欲望（对事物的强烈向往，包括物品、人际关系、情感需求等）的关系，由此对欲望进行简化、取舍。

提起“断舍离”，大家很容易联想到对各种欲望苦苦压抑的严苛人生。事实上，这是对“断舍离”的片面解读。山下老师从没把欲望当作毒药，相反她认为“有些欲望和生存力紧紧联系在一起，丢弃所有的欲望，就相当于放弃生存的乐趣”。吃一顿美食、看一场演出、买一件心心念念的美丽衣裳都是生活中不可缺少的“小确幸”。但如果不经过筛选，什么都想要，生产幸福感的欲望就会变成沉甸甸的执念，拖垮整个人生。

那么问题来了：实际运用中，我们该如何“断舍离”，与欲望和平共处呢？

一、断——足够自信才能果敢断绝

“断”即断绝生命中不需要的。

大多数人都抱着不安和恐惧生存，他们害怕失去，常常陷于求不得的不安中，因此总想把所有东西都抓在手中，自然没有底气拒绝不需要的东西。要充分了解自身需求，有足够的自信能判断出需要什么，可以承担判断失误的风险，在选择时才能果断拒绝不需要的。

1. 初级阶段：拒绝你不需要的物品

身为女人，总有无数的理由买买买，“超便宜”、“好可爱”、“大家都说赞”……随便一个理由，都能让你秒变“剁手党”。快抛弃这种想法，买东西只有一个理由：“我需要”。只有对自己有用的东西才有扫货价值，要不然买回来也只会在角落积灰，侵占宝贵的生活空间。

刷卡之前问问你的心：

它真的有用吗?

买回来大概会用几次?

虽然它很好，但适合我吗?

家里是不是已经有功能类似的产品?

2. 进阶课堂：摒弃你不需要的知识

老话说有备无患、技多不压身。但现实是时间有限，在信息大爆炸的现在，我们更要学会吸收“对我最有用”的知识。

举个简单的例子，女性最关心的“身材大事”常有各种理论知识和层出不穷的新方法。如果一个个试下来，估计会成为瘦不下来的减肥达人。最靠谱的做法是筛选出科学健康的方法，并坚持下去。

3. 终极奥义：放弃对你无益的人和感情

有些只想索取能量的人总想进入你的生活，有些充满诱惑力却暗含危机的感情总在心里萌动。小心，一旦放任入侵，他们就会伺机在你的心里种下负能量的种子，不停地释放灰暗情绪，制造各种麻烦。所以，建立一段关系或情感之前，要判断你需不需要，对于你来说，他有没有价值，评估他们是否会增加生命里的问题、消耗你的正向能量。

二、舍——斩断寂寞才会扔得彻底

“舍”即舍去生命中多余的。

舍弃需要勇气和大智慧。因为很多女人都有一个寂寞的心，就算整个空间乱糟糟的，她们也会把无用的、多余的事物当作过冬的粮食，死死搂在怀里。其实，她们往往并不知道自己真正喜欢什么、适合什么，只好都屯起来，想着“万一哪一天用得上呢”。

1. 初级阶段：丢掉你用不上的东西

“丢掉太浪费”、“也许还有别的用处”、“过期一两天应该没事吧”……别再抱着此类想法，这不是勤俭而是犯傻！任何东西用不上，屯着就是占地方，还会破坏你亲手布置的室内景观。而且大多数物品都有保质期，一旦过期可能存在各类风险。就算没有过期的物品也应当定期清理，以“我，现在，需不需要”为标准，不需要的东西及时转手或者处理掉。

2. 进阶课堂：清理过时的信息

很多人都曾以为，毕业后能远离课堂和考试。可惜，这年头知识更新的速度赶得上每年的潮流变化。特别是现在谣言党盛行，今天新鲜出炉的资讯，可能明天就被辟谣了。信息更新得迟一些，原本准备拿到社交场合显摆的谈资可能就会变成隔夜冷笑话。涉及工作的专业知识更是要时时更新，删除过时资讯，才能让你走在行业前端。

3. 终极奥义：放下已经结束的事和人

很多时候，理智告诉我们某件事情已经结束，某个人已经与我们的生活分道扬镳，但心里依然有所留恋。事实上，已经过去的事或人，不管它曾带来伤痛还是幸福，都值得怀念却不能沉溺。

三、离——拒绝执念才有好心态

“离”即脱离执念。

执念＝过度完美主义＝极端强迫症＝不断加量的人生。当断不“断”、应舍不“舍”的人生很容易就产生执念。这类人像故事里不停遇到西瓜、玉米、芝麻的小孩，区别在于她们什么都不舍得放手。最后明明拥有一大堆东西，却不堪重负，幸福指数直线下降。

1. 初级阶段：放过快爆仓的家

把家里塞得满满的真的很幸福吗？快醒醒！衣橱大半塞着过时服装，哪天早起套错衣服，时尚达人也要变成时尚灾难。更别说一片凌乱的化妆品、护肤品，同批购买的东西可能有些已经过期却搞不清楚，生生把护肤神器变成毁容利器。记住，杂乱的家居环境只会降低生活品质，赶快用“我，现在，是不是需要”的黄金法则整理一下吧！

2. 进阶课堂：“超负荷”的身体需要全面“断食”

执念太重的人总会对自己“下狠手”，为了健康美丽保养身体，最后却给身体造成不必要的负担。像是各类护肤品一起上，超出肌肤所需营养，保养过度；减肥计划苛刻到极限，身体根本吃不消，到头来越减越肥；关心各种身体保健资讯，家里弄得像无菌室，抗菌过度造成免疫力下降……快别再折腾了，铁打的身体也吃不消，现在最需要的是全面“断食”，给身体减负。

身体“断食”原则：

循序渐进，渐渐减少“保养”身体的步骤，不宜一下用力过猛

让身体彻底休息几天，放弃一切“保养”手段

“断食”2～3天后，逐步恢复到正常的保养状态

3. 终极奥义：丢掉恐惧才能放下执念

从心理学的角度分析，对人生的不信任、对自身不自信诱发的恐惧心理，及对自我的不了解是导致执念过重的重要原因。要学会用“信赖和希望”去置换心里的“恐惧和不安”，负面情绪消减后，心里的执念自然会淡化，想要达成“断舍离”的轻松状态也会简单许多。

减少物品只是手段，减少这些生活中无益的事情，从而腾出时间精力来留给更有益的事情，才是断舍离的终极目的。至于你把省下来的时间，省下来的精力和省下来的金钱用来做什么，那就是无限可能了。断舍离的终极目的，就是通过帮你去掉可能成为你生命里干扰项的东西，让你自己更容易找到你自己真正想找的——心中所爱。

抵制诱惑，断舍离的最高境界是选择

关于断舍离，一位女性朋友这样说：

我最初看《断舍离》这本书的时候，看完只有一个感觉，这就是叫我扔扔扔呗——断绝想要进入自己家的不需要的东西，舍弃家里到处泛滥的东西。我扔掉了一包护肤化妆品、两大箱书籍、三大包衣服，四个包包、五双鞋子，然后我的生活有了哪些变化呢？我觉得自己护肤品不够用，连续屯了100多片面膜；换季的时候我想为酒红色大衣搭配一条围巾，却发觉那条墨绿色的围巾我因为不常用已经扔掉了；我要出席前男友的婚礼，却连一双高度超过5厘米的高跟鞋都没找到；我心血来潮想骑山地车去上班，包没地方放，却发现原来那个单肩斜挎包因为一年多没用已经卖二手了。

然后我陷入一种扔扔扔——买买买的恶性循环。因为扔扔扔让家里有了更多空间，也给我的买买买提供了更多可能性，我觉得“家里太空了，好像什么都缺，正好一起买齐”。

其实扔扔扔远不是大家想象的那么简单，因为知道什么是自己想要的、需要的，这本身就不是一道简单的命题。

说到底，她还是没有理解断舍离的真谛，她只关注了“断”和“舍”，而疏忽了“离”，即抵制物品对自己的诱惑。

事实上，断舍离之所以难，是因为这种行为是在跟人的本能做斗争。“高筑墙、广积粮”“手里有粮、心中不慌”的古语相信大家耳熟能详，人类在进化过程中长期形成的一种本能就是囤积，自然界中我们很容易找到囤积松果的松鼠，对松果有着迷样的痴恋，但你肯定找不到一只会把窝中囤积的松果扔出来的家伙。

断舍离的更高境界其实是选择的智慧，人生最大的选择其实是不做什么，而不是做什么。能有选择不做什么的权利，其实是很奢侈的。有句话说“人生的上半场是关于加载，下半场则是关于卸载。”当我们到了一定年龄，要学习的是选择不做什么，也就是要学会抵制诱惑。

假如有一种你最爱吃的食物摆在面前，你是否会毫不犹豫地拥有它；假如有一件喜欢的衣服价格刚好在接受范围内，你是否会毫不犹豫地买下它；假如碰巧遇到一个喜欢的人，你是否会毫不犹豫地接受他；假如某个人可以帮助你获得晋升的机会，你是否会答应他全部的条件；假如某个人愿意请你吃喝玩乐，你是否会欣然接受对方的邀请。生活中有许许多多的诱惑，我们每天都在经历。有的即使无法抵御，也无关痛痒。而有的，却会让你付出巨大的代价。所以，我们需要学会分辨诱惑，才不至于一而再再而三地摔跟头。而想要分辨诱惑，就要具备在诱惑面前保持淡定的能力。

女人天性注重细节，思维细腻，但却喜欢感情用事，很多时候不能冷静地思考问题。所以即使有些小精明，也常常吃大亏。比如，为了贪图一点小便宜，无端地买了更多原本并不需要的东西。比如，为了所谓的爱情，可以奋不顾身，上演飞蛾扑火的游戏，还觉得自己很伟大很悲情。所以，世界上到处都是受伤的女人。颓废、阴郁、满心怨恨，总觉得自己是最可怜、最值得同情的人，却极少会想到，自己究竟为什么会变成这样。

诱惑，是个暧昧、迷离的词儿，散发着神秘的气息。它们亦是人生路上的美丽风景，可以驻足欣赏，但不能深入其中。这道理，不管是受过伤的，还是没受过伤的，不管是经历过，还是没经历过的，都应该懂得。然而，懂得是一回事，能不能做到又是一回事。从来都很佩服那些能够在诱惑面前不为所动的女人，她们拥有过人的智慧和强大的内心世界，不会过分在意自己的所得，不会唯利是图。当然，她们有人也曾被诱惑，但却能在第二次面对诱惑的时候安静地走开。

身边曾有过这样一个清新淡雅的女孩，认定是自己不需要的东西，就保持一种敬而远之的态度，任凭别人怎么蛊惑，都不为所动。后来，她遇到一个男孩，有头脑，有家世，有诺言，也有爱情。她在男孩的追逐中徘徊了很久，始终没有再往前迈出一步。

她说，这不是适合她的男孩，就像橱窗里的精品，虽然看起来很漂亮，但并不是每个人都能与它融为一体。如果不能控制自己，便会适得其反，好像戴了件不合适的首饰，突兀又难看。旁边的朋友反驳她，说这样优秀的人并不是随处可见的，你迁就一下又有什么不好。她笑说，我需要的并不是他的这些条件，我不依靠他的家世生活，我也不羡慕他的头脑，而诺言和爱情是最善变的东西，它们只能用来做调料。既然他并不适合我，我为什么要因为这些外在的条件而迁就他呢？旁人看到的不过都只是表面，如果深入了解，你就会发现他很小气，很没主见，不管是生活还是思想，都不够独立。这样的人，怎么能作为依靠的对象呢？

当浮于表面的诱惑被抹掉，真相往往是令人惊叹的。任何物质或者人，都是有缺陷的。被诱惑，只是将他们的优势无限扩大，而忽略了缺陷的一面。不会被诱惑的人，能够冷静地看到他们的缺陷，才决定自己是不是真的要接受。不要因为他们的美丽，不要因为他们的时尚，就轻易选择接受。

很多女孩会选择购买当季流行的服饰，因为铺天盖地的宣传告诉她，这是时尚流行风。可越是时尚的东西，就越难驾驭。模特穿起来好看，却并非每个女孩穿起

来都好看。就算身边的同事或朋友穿起来赢得了很高的回头率，同样未必就适合自己。每到春夏，马路上各种各样的黑色丝袜肆虐横行，总会有那么几双腿是令人震惊的。每到秋冬，又换成各种各样的靴裤、短裙和靴子。有时和朋友闲聊，会禁不住感叹某些女孩的审美。不管广告的诱惑力有多么强大，至少应该认清自己适合什么样的款式。怎么能因为紧跟流行趋势，而将自己装扮得惨不忍睹呢。就算一时禁不住诱惑买了不适合自己的服饰回来，最好还是忍痛压箱底吧。谁都会偶尔看走眼，但别因为舍不得那点银子，而令自己的外观受损，那样太划不来了。

很多女孩子会选择钻石王老五做另一半，因为这个社会流行的一种价值观让她明白，有钱就能拥有一切。可越是有钱的人，就越难真心。他们身边，蜂拥而上的女人太多太多了。看惯了那些奋不顾身的漂亮女孩，认清了她们的目的，也就对女孩失去了信任。时常会在高级住宅区和品牌专卖店遇到富豪们身边的女孩，妆容精致，服饰华丽，但难掩眼神中的落寞情愫。生活被各种名贵的物质塞满，却塞不满需要真感情的内心。她们中的很多人，每天都沉浸在物质营造的浮华生活中，一天一天漫无目的地生活。

前些年的同学会，遇到曾经的班花，听说她选择与一个华裔富商在一起。不知道是否会结婚，男人常常不在国内，她也暂时没能获得签证，只是每天呆在男人的别墅里，想办法打发无聊的时间。男人每月给她两万元人民币，当作零花钱，其余从不操心。她留了几个要好同学的电话，说要相约一起出去散心。

后来其中一个女孩对我说，她曾多次邀请自己去打保龄球或高尔夫。“我也知道她是好心，可这都是有钱人的运动，我可玩不起。就算她有花不完的钱，也不能总让她请我玩吧，所以还是不去了。”女孩说着的时候，眼里露出毫不相干的神情。

我想，如果那个女孩没有选择这般华而不实的生活，如果她愿意像平凡的女孩子那样生活，会不会觉得快乐些呢？面对生不带来，死亦无法带走的金钱，不妨淡定一些，平和一些，未来或许会得到更加多彩的生活。

还有很多女孩子选择另类、小众的生活。在这个崇尚个性的时代，另类和小众似乎代表了一个的独特品位。女孩们会盲目地认为特别的就是好的，所以不管作何选择，都要和别人不一样，各种反潮流、反世俗的做法也屡见不鲜。

比如，安妮宝贝曾经的颓废阴郁风格火了，就有越来越多的女孩加入颓废阴郁的行列。好像自称有文艺范的人必定要是抑郁的，要喝咖啡，要懂得奢侈品，要穿棉布裙子和球鞋，要带着孤傲的眼神，要在深夜里品尝寂寞的滋味。当然，年少轻狂的时候，谁都有那么些小忧伤，可不能故意让自己掉进忧伤的陷阱，不能因为所向往的出众，就往黑影里走。那些所谓的行为艺术，那些特立独行的行径，都不过是哗众取宠，并不见得有多少实际意义。我们可以培养自己的个性，但不能让自己沦为生命里的一个表演者。生活需要的，还是平淡。

做一个在诱惑面前保持从容的女子，没有什么不好。不要觉得自己会失去感受喧嚣的机会，某些疯狂和某些奢华是不需要经历的，懂得认真感受生活的女子，懂得拒绝诱惑的女子，才能在岁月里长久地保持一份纯真。

丢掉烦琐，让生活变得简单

让生活变得更简单，你便有更多的时间与自己对话，与家人相处，有更多的金钱与他人分享，有更多的能量去做有意义的事情。

许多人都相信多就是好，想要更大的房子、更好的车子、更多的衣服与更多的钱财。但人的贪欲无限，人对物欲的需求是个无底洞，无论已拥有多少，都不觉得满足。简单生活的概念并不强调限制获得财富，而在鼓励人认清生活的真相。

简单生活并不是要人放弃一切，相反，其目的在于通过简化生活，使人生存的空间更大，生活得更自在。

拥有较少的东西意味着不需要花太多的时间来照顾、清理或担心这些东西。每买一样东西都意味着要付出更多，同时也使后期的付出增加，就像高价买得一栋有前后院的别墅，后期就有频繁的锄草与维修工作。

在竞争日益激烈的现代社会，生活节奏也变得越来越快，人活得越来越压抑，越来越没有自己的空间。工作上的事占据了我们生活的中心，而在工作之余可以稍微放松时，却又被电视、电影、电脑游戏、健身场所、娱乐中心所淹没，在看似忙碌的生活中，我们几乎没有了独处的空间。

丁菲在努力奋斗了十几年后，成为了一个成功的作家、投资人和投资顾问。

有一天，她坐在自己的办公桌前，呆呆地望着写满密密麻麻事宜的日程安排表。突然，她意识到自己对这张令人发疯的日程表再也无法忍受下去了。自己的生活已经变得太复杂了，用这么多乱七八糟的东西来塞满自己清醒的每一分钟简直就是一种疯狂愚蠢的行为。就在这时，她做出了一个决定：她要开始摒弃那些无谓的忙碌，多给自己的心灵一点时间和空间。

于是，她着手开始列出一个清单，把需要从她的生活中删除的事情都排列出来，然后她采取了一系列“大胆”的行动。首先，她取消了所有电话预约。其次，她停止了预订的杂志，并把堆积在桌子上的所有读过、没有读过的杂志全部清除掉。她注销了一些信用卡，以减少每个月收到的账单函件。通过改变日常生活和工作习惯，使得她的房间和庭院的草坪变得更加整洁。她的整个简化清单总共包括八十多项内容。

丁菲深有感触地说：

“我们的生活已经变得太复杂了。在过去，从来没有像我们今天这个时代拥有如此多的东西。这些年来，我们一直被诱导着，使得我们误认为我们能够拥有这一切的东西，我们已经使得自己对尝试新产品都感到厌倦。许多人认为，所有这些东西让他们沉溺其中并且心烦意乱，因为它们已经使得我们自己失去了创造力。

“因为受习惯的生活方式的影响，你每天有许多活动是不得不勉强去做的。追求舒适的习惯和烦琐的例行公事让你的日常生活落入浪费时间、浪费精力的陷阱，其实减少这些程式化的活动并不会因此减少快乐的机会。

“习惯驱使我们去做所有这些日常琐事。我们总是担心如果我们不去做，就会失去什么东西。其实，也许我们的确会失去什么东西，但是这没什么不好，我们还是好好地活着，而且活得更轻松与潇洒了。”

生活就像电脑的硬盘，琐碎的事情和物质的欲望如储存在硬盘上的文件，如果这样的文件过多，硬盘被全部占满，再储存重要的文件便没有了空间。而硬盘过满，电脑的运行速度也会大大减慢，甚至有死机的危险。

生活中有很多对我们来说并不是必需的东西，如果我们不停地追求和囤积这些可有可无的东西，生活空间就会被这些东西填满，内心也会被获得这些事物的欲望塞满，哪里还有空间容纳更重要的东西。看看那些在人类的艺术领域、音乐领域、科学领域做出过卓越贡献的人，像毕加索、莫扎特、爱因斯坦，这些人都生活在极为简单的生活之中，他们用简单的生活，赢得了更多的时间和空间，全神贯注于自己的事业，挖掘出内在的创造源泉。

让生活变简单代表着宁可选择租住一间便宜的小公寓，使每月有余，而不是拼命挣扎着不惜负债也要买一间大房子，变成房奴。吃得简单、穿得简单、生活得简单，总之，简化生活的主要目的就是让生活的空间更大，生活得更轻松自在。

以车代步，导致四体不勤，身形日渐臃肿，只好又在周末休息时间花钱去健身，或买个昂贵的踏步机放在卧室里。但常因太忙或者懒惰，难以持之以恒：既然如此，为什么不干脆步行上班或骑单车上班，上楼时爬楼梯代替坐电梯呢？

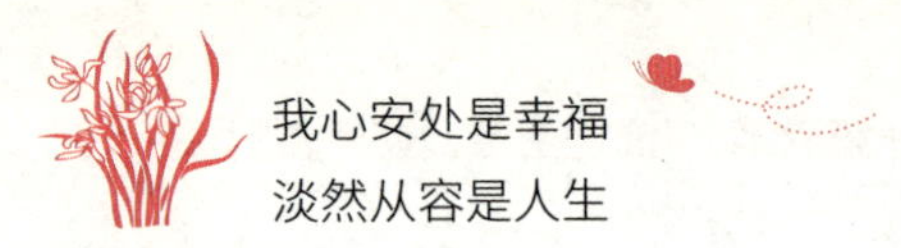

丢掉烦琐，让生活变简单，这样我们才能拥有更大的生存空间，才能更简单轻松地走自己的人生路。

崇尚简单的人愿意使自己的生活普通化，愿意使自己的人生平淡化。他们减去了思想上的包袱，拿出来更多的时间去充实自己，思索人生的真谛，这样就更加的自信和快乐；他们放弃了对物质的过高奢求，不与别人攀比什么，也从来不会嫉妒别人，这样就更加安然地享受生活，享受人生；他们放下了做人的架子，和亲朋好友谈笑人生，这样就更加注重修身养性，他们的美德还会赢得别人的交口赞誉。

清理内心，扔掉所有不快乐的想法

凡事都有两面性，一面阴暗，一面美好。它们就像一对孪生姐妹，相影相随，对于女人的一生都会产生极大影响。面对困难，发现美好的人就像拥有一副盔甲，抵挡它的进攻和侵蚀；面对困难时能看到希望，你就拥有了一把钥匙，打开心锁勇敢前进。

两片叶子在萧瑟的秋风中摇摆着。其中一片对另一片说："你看起来似乎闷闷不乐，有什么不愉快的事吗？"

"唉，"另一片回答，"我常在想，这真是一场徒劳，好没意思。常常是这样，刚刚觉得生命如此旺盛，转眼间就又要凋零了。"

"啊，原来是这样？"第一片叶子说，"我倒不觉得如此。我一直这样想：我们冬天化为养分，滋养大树，明年我们又可以生机盎然了，为什么不在这美丽的日子里翩然起舞呢？难道你闷闷不乐，你就不会凋零了吗？"

同样是两片叶子，却有着截然不同的心情。生活中的女人不也是一样吗？发现生活美好一面的女人即使失败了，她也不会抱怨，她会重整旗鼓，再度扬帆；而只看生活阴暗面的女人，却抱怨命运不公，怨天尤人，失去了对生活的信心，白白耽误了生命的大好时机。

上天不会给哪个女人全部快乐，也不会给哪个女人全部痛苦，它只会给女人生活的作料，调出什么味道的人生，全在自己。是选择笑声不断，还是愁容满面；是披荆斩棘，勇往直前，还是缩手缩脚，停滞不前，这不在他人，而在女人自己。

发现生活的美好，拥有乐观的人生态度，是魅力女人不可缺少的一部分：容光焕发，神采奕奕，对生活充满希望的女人，浑身散发着一种向上的气息，使人永远感到春天般的温暖。

有一个女人，她的名字叫艾丽丝。战争时期，她的先生驻守在加州莫嘉佛沙漠附近的陆军训练营里，她为了和丈夫接近一点，也搬到那里去住。到了那里才知道，那里没有一点点的浪漫。她很讨厌那个地方，简直是深恶痛绝。她从来没有那样苦恼过，她先生被派到莫嘉佛沙漠里去出差，她一个人被留在一间小小的破屋里。那里热得叫人受不了，即使是在大仙人掌的阴影下，还是有很高的温度。除了墨西哥人和印第安人之外，没有人可以和她谈话，而那些人又不会英语。风不停地吹着，到处都是沙子！

她这样说：“我当时真是难过得一塌糊涂，我写了封信给我的父母，告诉他们我受不了，要回家。我说我连一分钟也待不下去，还不如住到监狱里去算了。我父亲的回信只有两行字。这两行字一直回响在我的记忆中，使我的生命为之改变——

‘两个人从监狱的铁栏里往外看，一个看见的尽是烂泥，另外一个看见

的则是满天星斗。’

“我把这两行字念了一遍又一遍，自己觉得非常惭愧。我下定决心，一定要找出当时的情形下还有什么好的地方。我要去看那些‘星星’。”

“我和当地的人交上了朋友，他们的反应令我十分惊奇。当我表示对他们所织的布和所做的陶器有兴趣的时候，他们就把那些不肯卖给观光客、而且最喜欢的东西送给我当礼物。我仔细欣赏仙人掌使人着迷的形态，我欣赏沙漠的日落，还去找贝壳。在300万年前，那一片沙漠还是海床。”

“是什么使我产生这样惊人的改变呢？莫嘉佛沙漠丝毫没有改变，那些印第安人也没有改变，可是我变了，我改变了我的态度。在这些变化之下，我把那些令人颓丧的境遇和切身的感受，写了一本叫《光明的城垒》的小说……我从自己设下的‘监狱’往外望，并找到了‘星星’。”

生活本来就有两面。可是，当你用不同的眼光看时，却有着不同的感受。比如，有人看到下雨就心情烦躁，有的人却觉得下雨很浪漫；有的人做家务事时，能体会其中的快乐，觉得为家人做事很幸福，而有的人抱怨连连……其实，任何事情都有好的一面，就算面对失败这样悲哀的事，有的人一样觉得失败会带来宝贵的经验。所以，女人要学会发现生活美好的一面，这样你就不会气馁，不会沮丧，你就能发现自己离生活的美好越来越近。

生活是个万花筒，有时不免长出一棵忧郁、烦恼的花，破坏你的好心情，使你的生活黯然失色。此时，发现生活中的美好就是脱离苦海的解药，它能让你冲破烦恼与忧郁，走过人生的低谷，让你的心灵自由地呼吸，让你的人生尽情地翱翔。

英国作家萨克斯说："生活是一面镜子，你对它笑，它就对你笑。你对它哭，它就对你哭。"这充分说明，境由心造。在日常生活中，对于同一件事情，同一种遭遇，往往见到有人乐观，有人悲观，其根本的一个原因就在于每个人的心态不同所造成的：心态乐观，地阔天宽；心态悲观，乌云满天。在悲观者的眼里是云障雾遮，天昏地暗，在乐观者看来却是风和日丽，别有洞天；在悲观者看来已是"山重水复疑无路"，而在乐观者看来却是"柳暗花明又一村"。

清理记忆，遗忘哪些不快乐的时光

生活有时就像一个无情的人，强迫我们咽下苦酒。这份惨烈的考验，谁也无法逃避；这份苦楚的味道，谁也不想再回想。可惜，偏偏就有一些女子，始终在为记忆而活，把所有的苦难，都深深地烙印在心里，反复咀嚼，折磨了自己，辜负了年华。

殊不知，记忆像一本独特的书，内容越翻越多，越来越清晰，越读越沉迷。若只苦苦挣扎在痛苦的记忆中，怨声载道，只会让你狼狈不堪，让苦涩的味道弥久不散；若淡然遗忘，阔步向前，也许下一段路上就有风景如画，有良辰美酒。内心强大的女人，永远不会回头去缅怀悲伤，她们善于有选择的遗忘，不为往事活着，无论过去还是眼前，那些糟糕的、悲壮的、委屈的事情，都会被化为过眼云烟。

婉云就是这样的女人，对于人生，她看得很开。她总说："女人这辈子不容易，享受生活的时间原本就不多，该遗忘的就遗忘，该原谅的就原谅，别跟自己过不去。"

或许，是经历得多了，伤过痛过，醒悟了。婉云离过婚。别人都说，她命苦，母亲也这么说。跟着丈夫辛苦奋斗，最后却替别人做了嫁衣。现在的她，是个单亲妈妈，虽有父母的帮衬，可看着她每天忙碌的身影，还是令人觉得心酸。

不过，婉云对自己的遭遇，从未抱怨过什么，甚至根本就没有想，为什

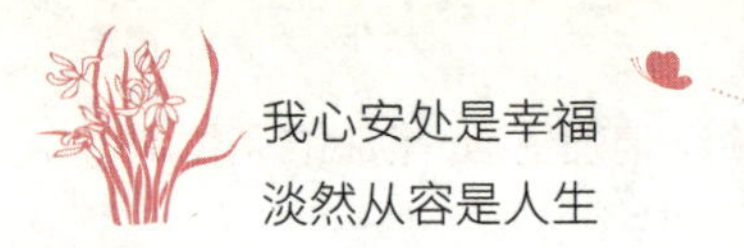

么这样的事会落到自己头上。她说："既然已经这样了，想那些有什么用？能够一起生活几年，也算是缘分，现在缘分尽了，就让他走吧。清清静静的生活，好过吵吵闹闹。"

人在低谷时，雪中送炭者不多，落井下石的事却从不少见。有人说，婉云的婚姻走到这一步，是她自找的。她早就朝秦暮楚，跟了别人。这件事传得风风雨雨，对一个刚刚离婚的女人而言，是一个不小的打击。

得知此事，挚友去看望婉云。吃饭时，朋友试图告诉婉云，是谁在背后诬陷她。谁知，她却笑着说："别告诉我，我不想知道。"朋友很吃惊，问道："你难道不想知道谁在背后乱嚼舌头，找她问问清楚，让她闭嘴吗？"婉云说："知道了又如何？有些事不用知道，忘了最好。"

说完，婉云继续跟朋友开怀畅谈自己筹划的欧洲游，完全把那些乱七八糟的事抛在脑后。她说："这些年，想去欧洲的计划一拖再拖，现在我不想再等了。女人太喜欢把所有的精力都交给家庭了，难免委屈自己。现在想想，人生几十年，也不是婚姻幸福才是幸福，幸福包含的东西有很多。"

如此的豁达大度，令好友不禁对婉云多了一份敬意。她撇了撇嘴说："你这女人啊，很不一样。看你活得这么敞亮，我之前的担心是多余了。"

婉云又给朋友倒上一点红酒，说："我知道你关心我。不过我觉得，你们想得太多了。其实，事情该是什么样就是什么样，解释不解释都一样，更何况你不把它装心里，不把它当回事，它就会不攻自破，就不会影响你的生活，影响你的心情。记得别人的好，忘了对别人的怨，这样活着不好吗？"

人生，并不总是诗情画意，还有许多痛苦和忧伤。如果将这些东西都存储在记忆里，人生会越来越沉重，越来越悲伤。当你回首往事时会发现，一生中美好的体验只是瞬间，占据很小的一部分，而大部分的时间都交给了失望、犹豫和不满足。女人要学会遗忘，这是一种悦己的能力。

可能你会说，忘记很难。确实，将一件困扰心灵已久的事，从心里突然间地抹去，是有点不太容易，但如果不尝试，就永远不可能从里面抽身而出。经常对心里储存的东西进行清理，把该保留的留下来，把不该保留的抛弃。那些给你带来不愉快感受的事情，真的没必要过了若干年还去回味。筛掉不美好的东西，人会过得更快乐、更洒脱。

一则关于走钢丝的故事里讲道：新人走钢丝总是没走几步就掉下来，反复练习还是如此。游刃有余的走钢丝大师告诉他："走，不停地走，直到你忘记了那条钢丝的存在。如果你忘了这件事，你就算真正学会，就可以正式登台演出了。"

其实，生活就跟走钢丝一样。有意识地不让自己去想那些糟糕的事，忘记它的存在，告诉自己"一直想没有任何益处"，依靠着理智和毅力，克制自己的行为。慢慢地，你就不会再特别关注这件事了，你就会忘记它的存在。

学会遗忘，是一件了不起的事，它需要女人有一颗强大的内心，需要女人有一份豁达的情怀。其实，仔细想想，不遗忘又如何？不过是自己在给自己的心灵上枷锁，不过是在用别人的错误惩罚自己，不过是在让今天重复着昨天的伤痛。韶华易逝，女人能有多少年轻如花的岁月？为了一时间的失意而狠狠地透支青春，透支美好，值得吗？

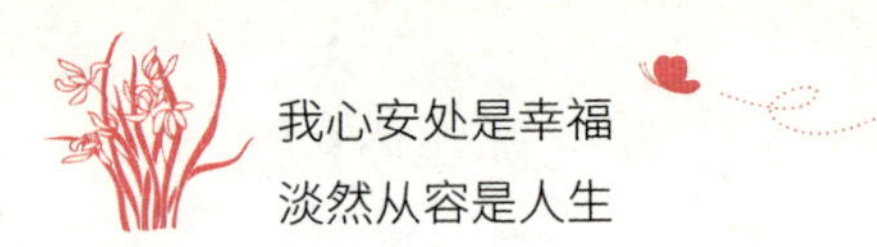

无论曾经有过怎样的惊天动地，亦无论体验过怎样的悲苦辛酸，在岁月的流逝中，这些最终都将成为往事，化为平淡。别在过去的甘苦中沉溺，不要再一次次地晾晒那永远也晒不干的往事，把那些该遗忘的是是非非、恩恩怨怨，从残碎的记忆里抽出来，让它随风飘散。

对女人来说，学会遗忘是一种理智、一种振作，也是一种幸福。因为，世上能让女人强大的不是坚持，而是放下；能让女人淡泊的不是得到，而是放弃；能让女人懂得的不是一帆风顺，而是挫折坎坷；能让女人重生的不是等待往事结束，而是勇敢地说声再见。

抛掉虚荣，幸福不是比较出来的

看到过一张漫画：画中一只公鸡，上半身拥有健壮的人类般的臂膀，下半身的尾巴上插着漂亮的孔雀羽毛。看来，这只公鸡为了美化自己，着实做了不少工作。可不管如何装扮，公鸡都摆脱不了自己是一只公鸡的事实。如此以来，反而变成了怪异的四不像。这幅画很形象地说明了“虚荣”的含义。

心理学上认为，虚荣是一种被扭曲、被盲目扩大了的自尊心。当一个人过分地追求自尊，不惜代价地追求虚幻的表象，拼命想要获得荣誉和名声、想要获得旁人的关注时，这个人的行为就可以被认为是虚荣的表现。在这个人人都渴望被关注的时代，虚荣已经泛滥成灾，仿佛生活不再是自己的，什么事都是要做给别人看的，能得到别人的关注、称赞、模仿，才是最终目标。

而虚荣对于女人，又是形影不离的朋友。没有哪个女人不爱虚荣，只是有的女人能够自我控制，保持节制，有的女人就只为一抹虚荣忙碌着。有人说，虚荣其实是个中性词儿，关键看虚荣的人想要用虚荣换回什么。当然，我承认，虚荣是可以令人发愤图强向前冲的，但我宁愿将那种虚荣称作自尊心。这里，我们要探讨的，只是负面的虚荣，那种为了面子不顾一切的举动。

很早以前，村里有一个女孩叫苏菲亚。她是一个非常爱美，非常会打扮自己的女孩子，这在村里可不多见。

每当春天降临人间的时候，苏菲亚总会从田野里采来好多鲜花，装点在自己的房间里，土坯做的墙壁在她的装扮下，显得比皇宫都要华丽；夏天来了，她会在花丛中捕捉许多花蝴蝶，夹在笔记本里做成标本，闲暇时翻开来笑嘻嘻地看；秋天，她还会到自家后面的园子里捡拾枫树上凋零的落叶，那些枫叶火红一片，像一个个写满梦想的青春请柬；冬天如约而至，她会和弟弟一起，在自家篱笆围成的院子里堆一个雪人，还会用菜窖里的胡萝卜给雪人装上一个漂亮的鼻子。

等到苏菲亚长大后上了中学，家里人开始发现她变了，以前那个天真无邪的“小苏菲亚”不见了，取而代之的是一个淑女一般文静而且多愁善感的女孩。可能是青春期的缘故吧，爸妈们只好无奈地这样想。

到了城镇里上学之后，她和同学们逛了几次街，然后，苏菲亚就再也没有去过任何一条街道，除了不得已路过之外，她也会尽量强迫自己目视前方，从不左顾右盼。其实，她并不是害羞，而是怕街道两旁橱窗里的时尚服装伤了自己的自尊。

每当周末回家休息，回到她的家乡，这个小小的、安静的村庄，苏菲亚向父母索要生活费时，逐渐加重了“力度”。由一开始的5美元，变成了现在的10美元，这已经让父母很难承担了，但她甚至还嫌不够。父母问她，怎么了，孩子？学校里的伙食涨价了吗？

每当听到父母关心的询问，苏菲亚竟然会莫名地对着父母大发雷霆。

苏菲亚像那个年纪的大部分女孩子一样，她开始学着打扮自己，但是她把自己打扮得过于成熟，打扮的方式也过于繁复，时常会在镜子前花掉一上午的时候，再用半个晚上的时间卸妆。她把自己弄得像一个过早开放的交际花。几个室友私下里也谈到她，总说她变了。别的室友围了一条苏格兰格子的围巾，她也会买一条；别的室友新添了一双长筒的靴子，她也会给自己添一双；别的同学定做了一条连衣裙，为了买到相同的款式，她会跑遍好几条街。

她最恐惧的就是别人喊她“土包子”，如果有人敢这么叫她，她一定会不惜一切代价地和那个人拼命的。不过幸运的是，其实她身边并没有那种不善良的人，她也一点都不像来自农村的人。可是她却不知道，她从一个“土包子”蜕变成一个“水晶包”，她的父母在背后付出了多少心血和汗水。父亲在镇上的建筑工地上做瓦工，磕磕碰碰的，身上的伤长年不断；母亲在药厂给人洗药材，遇见一些过敏的药材，往往两只眼睛都肿得眯成一条线……可以说，她是在用父母的心血和苦累来编织自己虚荣的面具，简直就是和那些剥削她父母的资本家一样，是吸血鬼！

然而这还不是最重要的，身为学生的她，连学习成绩也一落千丈，由当初进班时的第一名，滑落到中等偏下，甚至出现过不及格。

在一次放学后，席拉老师特意把苏菲亚喊到了自己家里，给她讲了这样一则古老的寓言：

在古时候，有一匹小马立下志愿，要做一匹驰骋天下的千里马。做千里马的第一条就是要比速度，然而，这匹小马始终落在别人的后面。几次失败以后，小马泪流满面跑到妈妈那里，把自己的苦衷说给了妈妈听。

小马的妈妈让小马按照比赛时候的样子跑一遍给自己看，小马准备了一个漂亮的起跑姿势，然后每一步都很有规律地奔跑着。

妈妈笑得前仰后合，妈妈说："孩子，一匹太在乎自己奔跑姿势的马是跑不快的。如果想成为千里马，你必须抛弃那些无用的姿势，你的心里只有奔跑，不停地奔跑，你的眼里只有你前方的目标，我们的意义在于奔跑，而不是表演！"

后来，小马按照妈妈的吩咐，刻苦练习，摒弃恶习，日后终于成为一匹迅如疾风的千里马。

这个简单的寓言很快就讲完了，随后，希拉老师从兜里掏出一大沓零钱给苏菲亚说，这是你的父亲给你送来的生活费，你不在寝室，我替你代收了，我闻了一下，上面充满了扑鼻的砖瓦的味道和药材的香味……

苏菲亚控制不住自己了，一下扑在了父亲送来的那些零钱上，第一次哭得这么伤心，这么懊悔。

后来，苏菲亚谨记着希拉老师的故事，一改往常的陋习，考上了一所著名的大学，经过10年的奋斗和积淀之后，她成了文学院最年轻的博士生导师。

苏菲亚是幸运的，她遇到了一个好老师，帮助自己抛掉了虚荣心态，避免在虚荣心的诱惑下越陷越深。苏菲亚的这种虚荣心态，就是追求表面上的光彩，是一种极力掩盖自己不足的心理表现和夸张行为。

职场中的女人也会为面子不惜付出血本。一个公司、一个部门，如果女人多了，竞争的气氛就会特别浓厚。关于服饰、关于品牌、关于品位、关于男友、关于老公，各种各样的明争暗斗每天都在上演。表面上看来，是大家利用休闲时间在探讨，可实际上，不过是在攀比和炫耀。

学生时代，我们学过莫泊桑的《项链》。这部短篇小说流传了很多年，当初学习的时候，虽然可以明白其中的道理，但并未意识到这道理对自己来说有多重要。女主角玛蒂德因为一时的虚荣心借了朋友的项链，却因为不慎弄丢，而引发了她后半生的悲剧。为了还因自己的虚荣欠下的债，她已经不顾自己的形象，曾经的虚荣也抛到了九霄云外。事实上，故事最大的悲剧并不是玛蒂德变成粗俗不堪、辛勤劳作的女人，而是与她同样虚荣的朋友，最后给她的沉重打击，使得她认清自己多年的努力，不过是为了一场虚幻的荣耀。

那么，有什么办法可以抑制膨胀的虚荣心呢？有几点不妨一试。

首先，尽可能抑制自己的攀比心理。不要总期望自己处处都比别人强，不要在任何一个圈子里都想要表现得出众。要知道人无完人的道理，你在某一方面不比别人优越，并不代表你在其他方面一定比别人差。不要凡事都想争先，盲目地攀比会引发虚荣心的无限泛滥。

其次，要培养自己高贵的人格。拥有高贵的人格并不是要做那种清高自傲的人，更不是目中无人的态度。高贵的人格能够让人坚定地走自己的路，不会人云亦云，不会跟风媚俗。拥有了属于自己的内心世界和追求，就不会被一点小小的虚荣心打败。

再次，要追求优雅的美、有品位的美、有内涵的美。要明白，女人真正的美并

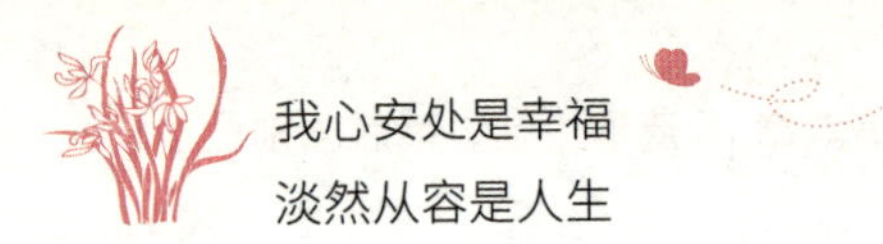

不只是停留在表面。只看到表面，不注重内在的女人是非常肤浅的。也只有这类女人才需要拼命证明自己的存在。那些真正美丽的女人，不需要炫耀，就可以轻易地脱颖而出。因为内在的品质是无论如何都无法伪装的，当然也不会为了满足自己的虚荣而活着。

比如，一个喜欢阅读的女人，是不会有高谈阔论的习惯的。她不会将所谓的学问挂在嘴边，但是人们可以从她的言谈举止得到答案。

能够逃脱虚荣心束缚的女人是洒脱的、自由的。活在这个世界，不为现实中的争斗所累，可以安心做自己喜欢的事，安心走过自己喜欢的路，那是一件多么幸福的事情。与虚荣带来的短暂满足相比，长久地随性生活，是多么值得追求。

没有哪个女人不喜欢收集旁人羡慕的眼光和赞美之词。可是如果女人过分地追求虚荣，是会付出很大代价的。因为你说一句谎话，就要靠十句谎话来圆；一次的强撑面子，就要次次把面子工程做足。这其中的辛苦滋味恐怕只有当事人自己才能体会。不如放弃这些虚假的繁华，还自己一个轻松自在的空间。

| 第七章 |

活得淡然，才会让这个世界温柔相待

淡然是从容。想要懂得淡然，便要学会享受一份从容。凡事皆可淡然处之，理智地看待生活、工作和情感方面的问题，学会感恩，学会赞美，学会认清自己，才能找到生存的方向。

抛掉心计，用实力赢得尊重

从前，有个商人买了许多盐，驮在驴背上，驴不小心掉进了小河里，盐被河水溶化了，上岸后只剩下空空的袋子，驴感到很轻松。过了不久商人又让驴子去驮盐，当经过小河的时候驴子故意掉到了河里，它又一次轻轻松松地回了家。商人发现后很是恼火，第三次的时候给驴装了两袋子海绵，驴子再次故意掉进河里，结果它差点被淹死。这是一个流传了很久的寓言故事，这个故事讽喻了自作聪明，最终给自己带来加倍惩罚的“蠢驴”。

人活在世上最根本的两点就是做人和做事，把人做好是把事做好的基础，把事做好则是做人做得如何的直接体现。怎样做人的态度决定着做事的原则和取向，一个不知如何做人的人，他做任何事都是不会有好结果的，不论他如何投机取巧，也不论他付出怎样的努力，其结果总会适得其反！

一些喜欢玩心计的女人，自以为工于心计能显示自己的聪明与高明，其实，那是最大的愚蠢与糊涂。

然而，“心计”却并非纯粹是贬义词，工于心计不好，但并不是说人生在世完全不需要心计。应该说只要不是以欺骗与愚弄他人为前提的心计，还是有其存在的合理性的。因为人际关系错综复杂，不多动些脑子，不多想些法子是不可能处理好的。

万花筒般的世界不断地处于变化之中，没有心计是应付不了的。这种平平和和的心计与蓄意险恶的工于心计完全不是同一个概念。

为人处世要有心计，在某种意义上来讲是一个女人聪明才智的表现，但需要强调的是：聪明是一笔财富，关键在于怎样使用。那些脱离正道的聪明，最终“聪明反被聪明误”，带来的只能是悲惨的结局。在现实中，竞争是激烈的，如果太工于心计，把心思放在“算计别人”上，是一件费时、费力，而且不道德的事情。这样做的人最终得到的只能是两个字：失败。

《红楼梦》中的王熙凤，在贾府算是一个精明之人。在一个复杂的环境里，势必要工于心计，才能生存。所以，为了巩固自己在贾家的地位，王熙凤很清醒地采取对各色人等的不同策略。对贾母承顺，对王夫人听从，对邢夫人应对，对地位高的大丫环称姐道妹，对下人严厉，对没地位的妾苛刻，对情敌死磕，置之死地而后快。结果到最后，机关算尽太聪明，反误了卿卿性命，最终落得个草席加身、不得善终的悲惨结局。

尤其在工作中，如果你不幸养成了投机取巧的习惯，那么即使你学识再高、本领再大，也绝不会有出人头地的一天。但如果你能一步一个脚印地工作，用心地做好每一件事，那么你就可以把自己带到明天的最佳位置。

李娜是一家大公司的高级职员，平时工作积极主动，表现很好，待人也热情大方。但有一天，一个小小的动作却使她的形象在同事眼中一落千丈。那一次是在会议室里，当时好多人都等着开会，其中一位同事发现地板有些脏，便主动拖起地来。而李娜身体似乎有些不舒服，一直站在窗台边往楼下看。突然，她走过来，一定要拿过那位同事手中的拖把。本来差不多已拖完了，不再需要她的帮忙。可李娜却执意要求，那位同事只好把拖把给了她。刚过半分钟，总经理推门而入，李娜正拿着拖把勤勤恳恳、一丝不苟地拖着地。这一切似乎不言而喻了。从此，大家再看李娜时，顿觉她太有心计了，以前的良好形象被这一个小动作一扫而光。说来也巧，在参加会议的众多职员中，有一个刚好是总经理的小舅子。结果不用说了，李娜以后再也没被重用过。

李娜因为耍“小聪明”而被老板“冷冻”了起来，她为她的“聪明”付出了高昂的代价。其实生活中还有很多李娜式的人，他们养成了在工作中投机取巧的习惯，认为只要老板在身边的时候表现出色就可以了，老板不在，又何必拼命呢？像这种“聪明人”只能一时得利，他们的“聪明”迟早会害了他们自己。

马静在学校里是一个很活跃的人，一直被朋友们十分看好。可是让朋友们吃惊的是，都毕业几年了，马静还是经常跑人才市场。而让朋友们大跌眼镜的是上学时默默无闻的王昭雅，此时已经成为一家日化用品公司在华北地区的市场总监。

这是怎么回事呢？让我们先看看她们这几年的工作经历。

离开学校后，马静应聘做了一家宾馆的大堂经理。由于爱耍些“小聪明”，所以刚开始挺受重用。可过不多久，她的那些“小把戏”就被一一拆穿，老板马上就将她“冷冻”起来。无奈之下，马静只好卷铺盖走人。

之后，马静又进了一家中德合资企业。德国人严谨实干的作风当然又是马静不能“忍受”的。

马静后来又在新加坡人、日本人、美国人……的公司工作过。这几年，马静的老板都可以组成一个“地球村”了，可马静却还是在四处游荡。

王昭雅则不同，大学毕业后她就进了一家日化公司的销售部。之后，她勤奋工作，默默地积累工作经验。她对行业渠道的熟悉程度使上司很是赏识，对公司产品更是了然于胸。她的才干很快得到上司的肯定，当该公司华北地区市场总监的位子空缺后，公司总部就让她顶了上去。

她们的经历真像某位大学生所说的："毕业以后，我们发现了彼此的不同，水底的鱼浮到了水面，水面的鱼沉到了水底。"

其实在我们的周围，有很多人本身具有达到成功的才智，可是每次他们都是与成功失之交臂，于是觉得老天对他不公平，怨天尤人。其实他们有没有认真地检讨

过自己呢？总是不愿意踏踏实实地去做好自己的本职工作，总是期望很多，付出很少，内心里不屑于去做他们心中的“一般的小事”，认为他们被大材小用，认为是小事，就开始耍起小聪明，投机取巧，得以蒙混过关。

但是他们有没有静下心来想过：他能蒙得过一次、二次，能总是混过去吗？一旦让老板察觉，就会留下极坏的印象，建立一个好的印象需要长期的考察，而坏印象却在一瞬之间。而且坏印象的改变是很难的，犹如一张白纸，整张白纸的白不如上面一个墨点的黑给人留下的印象深。即使老板这一次原谅了你，但是老板以后就可能不再完全信任你，因为你的人格、人品已经在他的心目中已经打了一个折扣。所以总有人觉得与成功无缘，总是怨天尤人，抱怨老板不识人才，只把一些零碎小事交给他们，不给他们施展才华的机会。其实真正的原因不是老板不把机会给他们，而是他们自己常常投机取巧，结果把机会拒之门外。在老板的心中，他以往的投机取巧已经被打上不踏实、不可靠、不能委以重任的印记。在一个公司中，如果再也没有机会从事重要业务，何以谈将来？何以谈前途？

投机取巧的习惯对你有百害而无一利，任何一个老板都不可能永远被你的“小聪明”蒙骗住。一分耕耘，一分收获，只有依靠实力才能获得老板的信任和重用，得到同事们的认可与尊重。

在我们的日常生活中，毕竟大多是由朴素、真实、平凡组合而成，偶尔也有长虹落日，但更多的是直面柴米油盐，因此，应该从从容容是为上，平平淡淡才是真。虽然我们面对复杂的社会，生活未免有些忙碌和苦累，但做人不应该太复杂，不可工于心计，而应是以一颗平常心去期盼、去对待、去体谅、去关怀、去面对现实，面对身边的一切。

坦诚相对，婚姻其实没有那么复杂

在这个世界上，有一种个性，能让人进入“天人合一”的境界，这种个性就是坦诚。一个人如果失去了坦诚，就失去了最迷人的个性；失去了坦诚，就失去了最让人迷恋的品德。

坦诚是什么？坦诚是指真实不欺、诚实无妄。坦诚待人是指坦率、真诚地与他人交往相处。

坦诚是指敞开心扉，以真诚的态度去沟通。

坦诚可以说是与他人沟通的桥梁，心地坦诚的人，如一面清洁如新的镜子，照亮了他人，也照亮了自己。

坦诚的女人，行事坦荡，凡事都能设身处地地站在对方的角度去思考，能够从不同的角度分析相同或不同的问题，能明了事实的真相。

一提林徽因，很多人首先会想到她过人的才华，其实，相比她的才华，林徽因那率真坦诚的个性，更让人刮目相看。

林徽因与梁思成结婚前，梁思成曾经对林徽因说：“有一句话，我只问这一次，以后都不会再问，为什么是我？”

而率真坦诚的林徽因，调皮地答道：“答案很长，我得用一生去回答你，准备好听了吗？”婚后，梁思成曾诙谐地对朋友说：“中国有句俗话：‘文章是自己的好，老婆是人家的好。’可是对我来说是，老婆是自己的好，文章是老婆的好。”

1931年，林徽因因病在北平休养，而梁思成则在东北大学执教。其间，她结识了著名的哲学家和逻辑学家金岳霖陪。可出人意料的是，金岳霖居然对林徽因一见钟情。

自此后，金岳霖对她体贴入微，时间一长，林徽因对他萌生了一种莫名其妙的情愫，与其说是两情相悦，不如说是精神上的惺惺相惜，心灵上的心心相印。

金岳霖身为哲学家，克制情绪的能力相当强。可当他与林徽因撞出情感的火花后，一切就改变了。因为这种微妙的情愫就像一场慢慢燃烧的大火，虽然火光不是轰然而起，可是随着时间一点点地流逝，它终会熊熊燃烧，灼热逼人。

终有一天，金岳霖按捺不住了，非常直白地向林徽因表达了自己的爱意。

林徽因一时间不知如何是好，只有等梁思成回来。因为当她遇到情感困惑时，总会向梁思成坦言，与梁思成进行沟通。

梁思成终于回来了，而他一回来，林徽因就沮丧地对梁思成说：“我苦恼极了，因为同时爱上了两个人，不知怎么办才行？”

梁思成自然也非常纠结，他一夜没睡，第二天，他告诉林徽因：她是自由的，如果她选择金岳霖，祝他们永远幸福。

林徽因又原原本本把一切告诉了金岳霖。金岳霖的回答更是率直坦诚得令人惊异：“看来思成是真正爱你的，我不能去伤害一个真正爱你的人，我应该退出。”

此后，金岳霖终身未娶，因为他深爱着林徽因，即使他们不能相爱，只能做朋友。

爱一个人，就要信任他，就要与他坦诚相对，要将深如海水的心事诉说与他，任风雨变幻，季节陡转，只轻轻地执子之手，与子偕老。这世间又有几个女子能做到这一点？林徽因这个奇女子就做到了。

人们在走进围城时无不渴望自己的婚姻完美而持久。可是现代人的婚姻越来越像瓷器，精美而脆弱，一不小心就摔得粉碎。目睹破碎的婚姻越多，对婚姻就越没信心，对婚姻越没信心，越容易导致婚姻的终结。那么，怎样才能得到幸福的婚姻呢？

信任是幸福婚姻的前提，也是幸福婚姻的基础。夫妻之间一旦缺少了基本的信任，家庭裂痕也就出现了。所以，夫妻双方一定要相互信任。

有这样一个笑话，

有个女贼入室偷盗，正要得手，女主人外出归来。女贼来不及逃走，索性大方地坐在客厅的沙发上，来了个反客为主，质问女主人：“你是谁？”在女主人惊诧之时，她又荡笑着诘问道：“哈，我晓得了，你是这家男主人的另一个相好吧？”女主人一听，马上气得犯晕，操起东西就追打女贼，让她滚。女贼轻松逃脱后，还嚣张的再次回来给女主人留了一封信，上面说："我用这招已经屡次得手了。怪事呀，世上居然有这么多傻女人不相信自己的丈夫！"女主人恍然大悟，继而惭愧不已：丈夫平日也只是在外应酬多点罢了，也没做什么出格的事，我怎么就在关键时刻不信任丈夫了呢？

这也许只是笑话，却暴露出夫妻之间缺乏信任的现实。其实，在婚姻生活中，这种缺乏信任的现象并不少见。在现实生活当中，我们经常会看到很多夫妻不信任的情景。

妻子收到了一条短信，丈夫想，是谁发来的？妻子与老同学聚会，丈夫怀疑妻子精神出轨；丈夫晚回来几个小时，妻子怀疑丈夫在外面是不是有了情人；妻子老家来人，丈夫怀疑妻子偷偷地给老家人钱；妻子与前男友见面，丈夫怀疑旧情复发；丈夫出差在外，妻子怀疑丈夫行为不轨……由于这些无端的怀疑，搞得自己很累、很痛苦，甚至因此做出愚蠢的事来，最终把自己本来应该很幸福的婚姻亲手毁掉，闹得自己和亲人痛苦不堪。

曾记得一位女作家说过这样一句话：信任是心灵相通的桥梁，是家庭稳定的纽带，是化恶为善的基石。

有一对夫妇结婚多年，妻子还和她的初恋情人有书信往来，丈夫虽为此吃醋，但从未干涉过妻子怀旧的空间，他相信自己的妻子。一次，丈夫无意中得知妻子的初恋情人来到本地，邀请妻子到他下榻的宾馆叙旧。丈夫便问

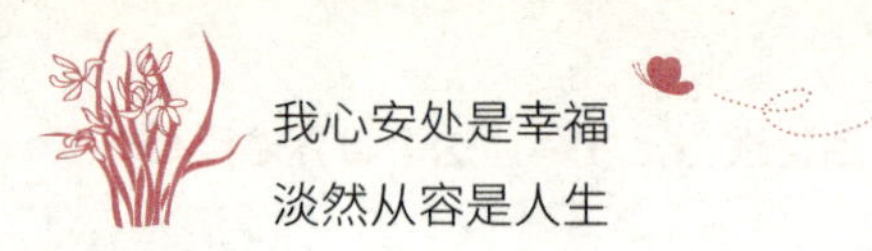

妻子，妻子实言相告，并征求丈夫的意见。丈夫叫妻子放心地去，并亲自开车把她送到宾馆门口。她在初恋情人面前坦承了丈夫的信任、理解和希望，二人也只是保持了一份纯真的友谊。

信任是生活的基本态度。同样，在婚姻关系中，你们首先要信任你们的配偶是忠诚的、是爱自己的。信任，可以让你永远保持清醒的头脑，免受外来因素的干扰与侵袭，同时也充分地保障着婚姻的稳固坚实。试想，夫妻之间如果连最根本的信任都不存在了，还谈得上什么真爱？没有真爱的婚姻又怎么会稳固。信任是基石，宽容是相处之道，猜疑只会损害我们的婚姻。

在婚姻中，信任是一棵树，它需要你为它施肥、浇水……需要你精心爱护才能越长越大。而你的努力所得到的报答，就是爱情的花朵和幸福的果实。

有个女人说，她深爱自己的丈夫，到了爱不释手的地步——她真的是从不放开丈夫的手。除了上班，她一分钟也不愿意丈夫离开自己的身边。她的丈夫说："我如果在同楼的朋友处聊上20分钟，她就会来拉我回家。我如果和其他女性说3句话，她就会哭3个小时。"这位妻子则说："只要他不在我眼前，我就会特别担心，会想象他和别的女人在一起。如果他说找朋友一起去踢球，我就怕他是骗我。他说让我信任他，我也真的想信任他。我知道他爱我，我也从来没有发现过他对我说假话，但我就是摆脱不了那个担心。你不知道，当我看到他与来访的女同学谈得那么高兴，我心里有多难过。"

信任像一棵树，嫉妒就是这棵树的伤病。有的伤是在树的根上，也就是说，有些人不信任配偶是因为自己性格中的缺陷。这是一些不自信的人，她们总觉得自己不如爱人有魅力，不如爱人聪明能干，不如爱人有名声，因而她们总担心爱人会成为仅是"我爱的人"，而不再是"爱我的人"。还有一些是占有欲强的人，她们认为爱人是自己所有，爱人的所有生活都应该是为自己的。前一种的伤较好医治，只要告诉自己"他和我结婚就说明我值得他爱"，就可使受伤的树根复壮。而后一种伤医治起来则比较困难，必须脱胎换骨。

如果婚姻中的男女都理解相互信任的重要性，学会不随意对对方起疑心，对对方多一些信任，多给对方一些空间，懂得给对方空间就等于给自己自由，给予别人信任就等于自信和豁达，就会让婚姻得到很好的保护。

不要盘问太多，也不要猜测太多，把怀疑对方、过分紧张对方的时间，用在提升自己身上吧。爱他，就要信任他，给予适当的爱，也尊重对方的个性，尊重每个人的心灵空间。夫妻之间，哪怕再亲密，也要给对方留一片自留地。换一种角度思维，懂得信任是婚姻永恒的主题。

宽容豁达，淡然的女人最大气

人们总习惯把男子与“大”字联系在一起，如大男人、大丈夫，男子应大度、大方，有大手笔。而女子呢，则完全与男人相反，以小女子自居，这其实是对女子的一种偏见。优秀的女人，首先应该也是一个大气的女人。有人说，男子是天，有天一样壮阔的境界；那么女人就是地，有地一样宽广的胸怀。天有多高，地就有多厚。两者相辅相成，相映成趣，谁也少不了谁。

宽容大气是女人的一种气质，更是一种智慧。懂得宽容的女人，是生活的智者，她因为目光远大，所以心胸开阔，善明事理，勇于开拓。她追求的是精彩的将来、永恒的春天、竞争的人生。

生活不可能总是春光明媚，花香烂漫，天色常蓝，事事如愿。生活有如梦如幻的精彩，也有很多艰辛和无奈。因而要成为一个生活以及灵性生命的强者，就应豁达大度，笑对人生。一个微笑、一句幽默，也许就能化解人与人之间的怨恨和矛盾。学会宽容的女人永远保持一种恬淡、安静的心态。

深受广大观众喜欢的香港著名女艺人沈殿霞于2008年2月19日在香港辞世。她的谢世让很多人备感唏嘘，因为在她的身上有许多别人不具备的美德，最突出的一点就是，她是个很大气的人，以能宽容别人而备受尊重。

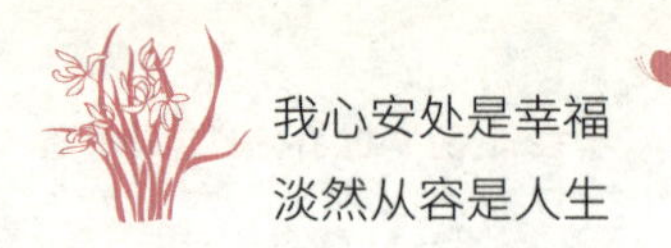

当年，在沈殿霞是红透香港的金牌司仪的时候，与名不见经传且饱受生活打击的郑少秋一见如故，她不顾舆论压力，全力扶持郑少秋的事业并安慰他的情感，在与他相恋九年后登记结婚，且不惜冒着生命危险为他怀孕生女，然而他们的女儿来到人世还不到两个月，郑少秋却移情别恋。他们十年情感一朝云散，最终以沈殿霞遭到沉重打击而结束。

多年以后，沈殿霞在TVB主持的谈话节目开播，第一期节目的第一位嘉宾就是郑少秋。两人相对而坐，待节目结束后，沈殿霞突然很意外地问郑少秋："有个问题好久前就想问你了，今天借这个机会问你一下，你只需回答'Yes'或是'NO'就好，这个问题就是：在多年以前，你有没有真心地爱过我？"郑少秋听后，几乎只是稍加思索，便坚定而认真地回答说："我真的好爱你！"此言一出，沈殿霞立刻泪流满面，随即那幸福的笑容便荡漾在她迷人的脸上，仿佛历经多年的苦难和恩怨都在那句"我真的好爱你"这六个字中烟消云散了。

是啊，宽恕伤害自己的人是很难的，但能做到这一点的人却是高贵的。沈殿霞以女性不多见的博大的胸怀宽恕了曾深深伤害过她的人，也为自己创造了一个融洽的人际环境，她这种化怨恨为祝福的智慧确实令人惊叹。

在生活中，大气会在一些女人身上显示超凡脱俗的优雅气质。

大气的女人可以巧施粉黛，也可以素面朝天；可以华衣美食，也可以箪食瓢饮；可以安居广厦，也可以寄寓茅舍；可以颐指气使，也可以独吟歌词……她无论身处何方，境况如何，也不管贫富贵贱、貌美与否，大气是这些女人身上显示出超凡脱俗的品质，卓尔不群的胆识，浑然于天地之间，融会于自然之中。

大气的女人，最能善解人意，她与人相处，和蔼可亲，她不会暴跳如雷，出口伤人，或者指桑骂槐。

大气的女人，从不因鸡毛蒜皮的小事与他人斤斤计较，说话总是和颜悦色，大大方方，既不蛮不讲理，又不会得理不让人，与那种说起话来横眉竖眼、咄咄逼人，对人总是横挑鼻子竖挑眼的凶女人截然不同。

大气的女人从不说三道四，搬弄是非，她从不热衷听小道消息、花边新闻，从不和人叽叽咕咕、喋喋不休，抱着电话不放，或者咬起耳朵来没完。

大气的女人，不会因朋友的误解、男人一次偶尔的迟到而板起面孔，不依不饶；也不会因同事的无意冲撞而怀恨在心，寻机报复。

大气的女人，最能领悟“宁静而致远”，她不会整天疑神疑鬼，时时担心受他人伤害，也决不工于心计每天检查男朋友的手机，翻看丈夫的口袋；大气的女人，拥有自己的精神独立，她不会害怕孤独，她有足够的耐心独自享受生活和等待丈夫，她不会不停地打电话追踪和催促在外面忙碌的丈夫，而是自己默默地修造自己的精神乐园。

大气的女人，给人一种宽松自在的感觉，她能使自己真正地坚强和自信起来，面对变幻的生活，大气的女人决不会惊慌失措。

大气的女人不是格格不入、自命清高，而是能够包容他人，懂得尊重别人的选择，也能认可不同人的生活方式。

大气在于内心的从容，以一颗包容之心对待所有的人和事。具备这一美德的女人，除了有着乖巧伶俐之外，还平添一种雍容典雅、从容不迫的风韵。

大气的女人，女人的大气，天地间不仅仅是增添了一道瑰丽风景，更拥有了一位人伦楷模。这样的楷模越多，社会生活的品位也就会演绎得愈发高尚纯粹了。

从容淡定，用平常心拥抱生活

什么是平常心？所谓平常心，就是一个人非常清楚所处环境里的是是非非、好坏美丑，对所有现象一目了然，但却丝毫不受影响，不管身处在怎样的环境里，都不会随外境起舞，也不会受环境里的种种情况影响而浮动。平常心是遇到各种突发事件时能抑制自己不受影响的一种心态。一个幸福的女人必须懂得用一颗平常心去拥抱生活。

在错综复杂的社会中，若想在各种压力下保护自己，平常心是良药中的精品。有了平常心，你才能尽快地从竞争失败的阴影中走出来，鼓起勇气迎接下一次的挑战。有了平常心，你才能在挑战中不畏首畏尾，全身心投入。

平常心是一种良好的心态，也是一种处世哲学。拥有平常心，我们就会对日常生活中所发生的事情处变不惊、安稳淡定；拥有平常心，我们就会无为、不争、不贪、知足。平常心，是一种淡泊之心，是一种忍辱之心，也是一种仁爱之心。

平常心能让女人用一种理智的、处事不惊的思维解决遇到的问题，也体现了一个女人良好的处世能力。不管遇到什么样的事情，女人都应该以一颗平常心对待，不要急躁，凡事三思而后行，因为“冲动是魔鬼”，在冲动之下做出的决定事后极有可能会让自己后悔。

下面我们看一个例子：

某公司要裁员。裁员名单公布后，内勤部小容和小莲按规定一个月后离岗。

得知这个消息，同事们看她们都小心翼翼的，更不敢和她们多说一句话，因为她们的眼圈都红红的。这事摊到谁身上都难以接受。

由于是在单位的最后一个月，小容的情绪很激动，谁跟她说话，她都像吃了火药似的，逮着谁就向谁开火。裁员名单是老总定的，跟其他人没关系，甚至跟内勤部都没关系。小容也知道，可心里憋屈得很，又不敢找老总去发泄，只好找杯子、文件夹、抽屉撒气。“砰砰”、“咚咚”，同事们的心被她提上来又摔下去，空气都快凝固了。人之将走，其行也哀，谁忍心去责备她呢？可小容仍旧不能出气，又去找主任诉冤，找同事哭诉。“凭什么把我裁掉？我干得好好的……”眼珠一转，滚下泪来。旁边的人心里酸酸的，恨不得一时冲动让自己替下小容。自然，办公室订盒饭、传递文件、收发信件，原来是小容做的，现在却无人过问。

小莲却不一样。同事们早已习惯了这样对她：“小莲，把这个打一下，快点儿！”“小莲，快把这个传出去。”小莲总是连声答应，手指像她的舌头一样灵巧。裁员名单公布后，小莲哭了一晚上，第二天上班也无精打采，可打开电脑，拉开键盘，她就和以往一样地干开了。小莲见同事们不好意思再嘱咐她做什么，便特地跟大家打招呼，主动揽活。她说：“是福跑不了，是祸躲不了，反正这样了，不如干好最后一个月，以后想干恐怕都没机会了。”小莲心里渐渐平静了，仍然勤劳地打字复印，随叫随到，坚守在她的岗位上。

一个月满，小容如期下岗，而小莲却从裁员名单中删除，留了下来。

可见，以平常心观不平常事，则事事平常。平常心不是“看破红尘”，平常心不是消极遁世，平常心是一种境界，平常心是积极人生，平常心是道。不以物喜，不以己悲。其实，不要指望自己的每一次付出都必然得到回报。如果你抱着一颗平

常心，在日常工作、生活中，多多体谅别人，你最终必然会得到回报，而且是各方面的丰厚的回报。

用平常心拥抱生活，你的生活将充满快乐。平常心的世界是无限的，在平常心的字典里找不到烦恼。生活并不是一帆风顺的，有成功也有失败，有开心也有失落，若把这些起起落落看得太重，那么生活对于我们来说永远都不会坦然，永远都没有欢乐和笑声。

我们感悟平常心，拥有平常心，读懂平常心，就像夜里看到满天星光。感悟平常心，宛如在静静的旷野，在清幽的山涧，寻找清泉，寻找幽兰，静听樵歌；拥有平常心，宛如拥有一架美妙的竖琴，让女人心灵沉浸在欢欣、激昂的乐曲里；读懂平常心，宛如向心灵世界播撒阳光、雨露，满溢波涛与浮光。人心如镜，照山是山，照水是水，女人需要时时反省，时时自视，时时自悟，不失自我，不失良知，不失睿智，不失真诚。如果女人在明智的思索中寻求平常心，寻求一份超然物外的自然，顺其自然，女人就会得到宁静。

因此，无论生活是乌云密布、雷声轰鸣，还是阳光明媚、鸟语花香，我们都要持有一颗平常心，不自以为是，不骄傲自大，也不自卑自贱，不心灰意冷。

得而不喜，失而不忧，生活要有平常心。人生中，长长短短，聚聚散散，不是处处、事事、时时都能顺心如意，尽善尽美，用平常心拥抱生活才是人生的至高境界。拥有平常心，你才能从容地面对自己，面对自己的现实环境，面对自己的能力，面对自己的失败，进而从容地接受现实，认识自己的不足与缺点，不断激发自己的进取心，不断地战胜自己，提高自己。

沉静婉约，安安静静就好

某记者曾问一位女作家：“在喧闹的人群中，你会选择用什么方式引人注意？”

女作家的回答简洁却富有深意，她说：“我会选择沉静地坐着。”

是的，这世间就是有一种女子，她只是安静地坐在那里，那份与生俱来的圣洁和肃然，就能透出一股难以言表的高贵气息，即使荆钗布裙，粉黛不施，也自有一份端庄，一份优雅。看似无声无息，而流露出的富有穿透力的气息，却足以让人在喧哗中停下来，多看上一眼。

年轻时的她，是部队里的文艺骨干。优美的舞姿，轻盈的体态，飞扬的青春，任她走到哪儿，都是一道别致的风景。和所有的女人一样，她也抵挡不住岁月的脚步。时光荏苒，转眼间，就已走过不惑之年。比起街头巷尾那些穿着短裙扎着马尾的姑娘们，她显得老了，没了妖娆的风姿。可是，她身上散发着一股沁人心脾的美，惹得艳羡的目光却丝毫不减当年。

现在的她，多了一份沉静，一份端庄。她不会穿那些刻意扮年轻的衣服，她知道自己过了天真的年岁，那属于年轻人的鲜艳清纯的衣服与一张成熟的脸会让人不忍目睹。可是，她身着高雅大方的素裙，仍然让人眼前一亮。

平实的心态，丰厚的内涵，让她有足够的底气驾驭增长的年岁，那份坦然的知性美，那份沉静温婉的姿态，是在岁月的积淀下雕琢出的一块璞玉，温润沁心。

她不会为一点小事扰乱心情，愤怒或咆哮，多年的摔打与磨砺赋予了她一颗平和的心。那些背后的暗箭，伤人的话语，她听到了，也只是置之一笑。阅尽生活的沧桑，心灵自然多了一份宽厚与豁达；品尽人间酸甜苦辣，看遍

生命的沉浮，自然不会再为无谓之事烦恼。她守着一颗沉静的心，活出了优雅，诠释了低调的绚烂。

她曾对女儿说过这样一番话：“没有人知道你的付出时，别急着去向谁表白；没有人懂你的价值时，别在人前炫耀；没有人理解你的志趣时，别放弃坚持。”在这样一位性情成熟、言行沉稳的母亲的熏陶下，女儿也出落得知性不凡。

其实，她不是在教女儿培养怎样的性格，她是在教会女儿作为女人该有的姿态。这远比告诉她如何搭配衣服、如何画眉施粉要珍贵得多。对女人而言，沉静是一种低调的张扬，是一种自信的活法。尤其是当青春的容颜不再时，沉静就更显得富有内涵，那是一种看清人生之后的从容。

沉静的女人知道，人生的风景不只有青绿，还有金黄；沉静的女人知道，世间繁华如过眼云烟，青春不再无须挽留；沉静的女人明白，内心充盈才能听到自己真实的声音，才能看淡世间的喧嚣；沉静的女人懂得，要把外在的美延续，就要把人生的涵养、经历和沧桑融入于心，化成一份沉稳大气，一份优雅从容。

可惜，许多女人还未曾真正读懂这份沉静的美。置身于人群，为了寻找自身的存在感，吸引更多的目光，她们会刻意提高声调；为了满足虚荣的心理，会故作自然地爆料出认识什么人，有过怎样特殊的经历；为了显得与众不同，会把自己当成时尚杂志的代言人。可是，她们或许从未发觉，就在她们身边，坐着一位清新脱俗、平视不语、表情温和的女子，正在散发着无声胜有声的美。相比之下，那咄咄逼人的架势、刻意炫耀的姿态、时尚美丽的装扮，都显得肤浅、粗俗、愚蠢，令人感到索然无味，犹如“小丑”在自导自演一出闹剧。

天不言自高，地不言自厚。沉静的女人深谙此理，她们从不把张扬当个性，把炫耀当魅力，不会不分场合、不看对象就自以为是地说笑不止，而不顾别人的感受。她们明白什么该说，什么不该说，什么是别人的痛，什么是别人的隐私。她们不会粗枝大叶，亦不会夸张做作，她们知道怎样展示自己的格调，知道怎样对待复杂的生活，更知道怎样捕捉到高贵与优雅。闭口不言，莞尔一笑，那是剔除浮躁之后的宁静，是拒绝平庸之后的高贵，是抛弃浅薄之后的成熟。

沉静的女人，含蓄、矜持、内秀，经得起时间的雕琢。年轻女子的沉静，会让美丽多一份深邃，会让心灵多一份内涵。外在是甘于寂寞，不动声色，内里是沉着自信，默默进取，容纳着一切，却又超越着一切。成熟女人的沉静，一如婉约、高雅的桂花，散发着清新怡人的香气，那是少经世事历练的年轻女人所没有的魅力，是经历岁月沉淀的成熟气质。

做一个沉静的女人，婉约高雅，微笑留香。

沉静的女人，从不吵闹，从不炫耀，从不浮躁。所以，别再露出夸张的大笑和露骨的谈吐；别在得意的时候露出对他人不屑一顾的表情；别在享受幸福的时候，想让全世界的人都为你喝彩。只要做好自己该做的，在内心细细品味生活的喜悦，谦和地对待身边的每一个人，即使生得不漂亮，也一样能够让人刮目相看。

自我解压，找回心中的宁静

现代社会犹如一个巨大的高压锅，我们不仅要承受来自工作方面的压力，还要承受来自家庭方面的压力。工作量大，竞争激烈，很多人担心公司倒闭、裁员、减薪、人事复杂、工时过长、工作方向常常转变、职位角色含糊等，这些状况都使我们遭受压力。而赡养老人、教育子女、购置房屋等又需要大笔资金，加上每月的水、电、煤气和物业费等各种生活费用，以及人情往来和全家的医药费，又是一笔不小的数字。由于压力过大，各种各样的烦恼随时都可能降临在我们头上，于是，紧张、焦急、恐惧、愤怒、内疚等不良情绪就会不请自来。

压力带来的不良情绪是一种消极的情绪，它会弄得人心神不定、心情低落、憔悴不堪。倘若不善于处理、化解这些不良情绪，我们就会被它们折磨得痛苦不堪，严重影响生活的品质，甚至招致疾病。所以，处于高压中的我们要学会自我解压，向不良情绪说“再见”。

萍是一名普通的家庭妇女，上有老人，下有儿女，每天还要按时上班。早晨，做饭、服侍老人起床、送孩子上学、自己上班；下午下班，接孩子放学、做饭；晚上要忙完所有家务才能上床睡觉，每天如此。近期，萍单位的效益不好，公司施行末位淘汰。由于萍无法全力投入工作，绩效无法和一些年轻人比，被单位亮了红灯。

家庭的重担，工作的压力，终于使萍不堪重负。每天晚上都失眠，辗转反侧睡不着。第二天，又不得不应付家务和工作。周而复始，不到一个星期，萍消瘦了很多，还出现了恶心、腹泻的状况，住进了医院。医生说，她压力太大了，需要减压，否则很难根除她现在的病状。最后，在心理医生的调理和医治下，萍才恢复了健康。

以上这个小事例警示我们：不懂得自我减压是很危险的一件事，对女人来说，在不良情绪和压力威胁到我们的健康之前，要想想办法，学习一些科学的自我解压方法来做到防患于未然。

那么，如何才能自我解压，向不良情绪说“再见”呢？你可以参考以下方法：

第一，放弃全面承压的危险。女人的焦虑往往超过男人。哈佛大学的研究人员对 166 名夫妇进行了六个星期的研究发现，因为女人们更爱方方面面地考虑问题，所以女人们比男人更经常感到压力。她们会考虑自己的工作、体重，还有每个家庭成员的健康等等。因此，女人们要想减轻压力，消除不良情绪，就必须懂得放弃全面承压的危险。

第二，学会放松。比如现在的工作就是把这份报告打好，其他的事情一概抛在脑后，不去想。在工作的间隙，你也可以花上 20 分钟的时间放松一下，仅仅是散步而不考虑你的工作，仅仅专注于你周围的一切，就在那里静静地放松自己的心情。

第三，说出或写出你的压力。记日记、写博客，或与朋友谈心，都是不错的释放不良情绪的方法。美国医学专家曾对一些患有风湿性关节炎或气喘的人进行分组，一组人用敷衍塞责的方式记录他们每天做了的事情。另外的一组被要求每天认真地写日记，包括他们的恐惧和疼痛。结果发现：后一组人很少因为自己的病而感到担忧和焦虑。

第四，坚持锻炼。研究人员发现，在经过 30 分钟的踏脚踏车的锻炼后，被测试者的压力水平下降了 25%。可见，坚持锻炼身体有利于不良情绪的释放。另外，你还可以上健身房，快走 30 分钟，或者在起床时进行一些伸展练习。

第五，坚持按摩。这里的按摩不只是传统的全身按摩，如果有条件的话，还可以去做足底按摩、修指甲或美容，这些都能让你的精神松弛下来，缓解压力，变得放松。

第六，放慢语速。一个人每天要应付形形色色的人，说各种各样的话。那么你一定要记住，尽量保持乐观的态度，放慢自己的语速。

第七，学会幽默，不要太严肃。在适当的时间和地点，不妨和朋友一起说个小笑话，大家哈哈一笑，气氛活跃了，自己也放松了。

此外，读一篇小说、唱歌、啜茶，或者干脆什么也不干，坐在窗前发呆也行。这时候关键是你内心的体会，要放松，去享受心底的宁静。

压力是客观存在的，并且普遍存在，对谁都一样，所不同的就是如何释放。释放出来，压力可以变为动力，激励斗志。释放不出来，就有可能把人压得一蹶不振。关键是我们如何顶住压力、释放压力，更好地前进。由压力引起的不良情绪是女人健康和容颜的杀手。当不良情绪来临时，要及时疏导、分解而不能抑制、阻塞。可以发泄，可以倾诉，可以是身体运动，可以是言语发泄，不管是行为上的还是语言上的，都要通过适当的途径来排解和宣泄，原则是不能伤到他人。学会解压，向不良情绪说“再见”，你会发现心情是那么舒畅。

| 第八章 |

活得精彩，从从容容过一生

有追求的女人有着自己的人生梦想和目标，有属于自己的一方天地，有着独立的人格和个性。这种女人是那种在精神与物质上都丰富的女人，她能从容面对在这个残酷的竞争世界，同时又没有失掉女人的妩媚与可爱。她从来不会坐等幸福的降临，她知道如何开创自己的幸福。她们是真正活得精彩的女人。

拥有梦想，你就能拥有精彩

梦想是美丽的衣裳，是心灵的花蕾，有梦想的女人才不会被现实的冷酷榨干，有梦想的女人才不会对琐碎的生活失去激情，有梦想的女人才会从容地体味幸福。

相信，每个女人都曾有过自己的梦想，可随着年龄渐增，物质、金钱、家庭等等的“大事”让许多人抛弃了曾经的梦想。

有一个女性朋友曾经伤感的说：

20岁之前，我们活在家人、老师的期望之下，背负着很多的压力与包袱，自己也不够成熟，能力不足，因此步履难免不稳。20岁之后，离开了众人的压力，卸下了包袱，开始全力以赴地追求自己的梦想，就这样愉快她过了10年。可是过了30岁，发现青春已逝，不免产生许多的遗憾和追悔，于是开始遗憾这个、惋惜那个，抱怨这个、嫉恨那个……就这样在抱怨中度过了几十年。到了60岁，发现人生已所剩不多，于是告诉自己不要再抱怨了，珍惜剩下的日子吧！于是默默地走完了自己的余年。而等到了生命的尽头，才想起自己好像有很多重要的事情没有完成……

梦想是值得珍惜的。梦想是心灵的花蕾，它像爱情一样，只有及时浇灌，才能带给女人幸福愉悦的体验。所以，女性朋友们一定要坚持不懈的追求，朝着自己的梦想奋进，不能让它随着岁月流逝而消失。

梦想的定义在大部分人的字典里比较接近“念头”，一闪而过，来来去去，所以，拥有梦想很容易，放弃梦想也很容易。容易放弃梦想的人自以为毫发无损，只不过一个念头的生与灭。其实，梦想应该更像一个人对自己一生的“承诺”，必须严肃认真地面对它、实践它。

女人都有过儿时的梦想，都有过理想中想要追逐的天空。然而，生活的竞争使原有的梦想被丢弃，在忙碌的生活中迷失了自己。梦想对于你可能已太过遥远，哪怕只是偶尔有一闪而过的念头，也被世俗中的那一点不尴不尬的物质生活所击灭了，太害怕失去却又害怕得不到，你已没有了勇气去承载一份梦想。所以日复一日、年复一年，生活重复、重复又重复，仿佛一眼看到白发苍苍的日子。即使厌倦这样的重复，也没有真正付诸行动去改变它，因为没有勇气，你不相信自己能得到什么，所以你的生活充斥着哀声怨气，但却又无能为力！

“淑女屋”的老板匡子因为一个蕾丝的梦想，开始了自己的创业之旅。小时候，匡子家的周围有一些欧式建筑，她从小看着它们，就想象着童话故事中的生活，觉得自己就好像童话故事中的公主一样。爱幻想的孩子可能都喜欢画画，匡子也爱画，她把自己设计的美丽衣服画下来，把自己想象的宫殿也画下来。在她的心中，她未来就会生活在这样的宫殿中，穿着美丽的衣服，演绎着王子与公主的爱情。匡子爱好听音乐、读小说、看戏剧，特别是古典戏剧，她常常沉浸于剧中的情节里，感动得一塌糊涂。

为了完成自己童年的梦想，1991 年，26 岁的匡子南下深圳，在那里她开设了第一家“淑女屋”专卖店。十几年时间，“淑女屋”迅速成长起来，至今已在全国开设了百余家连锁店，成为年轻女性们拥戴的品牌。匡子设计的灵感往往来源于戏剧故事。当她被一个故事感染的时候，就会身临其境，把自己当成故事中的人物，这时候她拼命地想通过某种方式把这种情感表现出来，于是就有了创作的灵感。草原小屋、绿色狂野、情人节玫瑰、黑白贵族、天鹅湖、奥菲妮娅、森林女王……在匡子设计的作品中，几乎每一个都可以找到到古典戏剧的影子。而这些设计作品就是她的梦想，她的梦想也成就了她的成功。

如今的匡子已经是身家上亿，聪明的匡子，正是大胆地将女性梦想中的美物质化，获得了事业的成功。匡子的设计室很大，布置得像童话中的宫殿。因为能真实地生活在自己的梦中，匡子热爱着生活的每一天。

梦想的力量真是不可思议。记得一位哲人说过一句话：“一个女人可以没有美好的生活，但万万不能没有美好的梦想。”梦想，是黑夜里的一点烛光、一盏明灯、一弯新月；梦想，是岁月里的一缕清风、一滴露珠、一丝细雨；梦想是轻盈的雨蝶，是放飞的风筝，是飘扬的柳絮，是漫天的飞雪；梦想是飘逸的长发，是摇曳的裙阙，是曼妙的舞姿，是张扬的灵魂。

在生活中，很多女人羡慕他人身上那炫目的光环，很多女人羡慕他人的好日子，羡慕他人家庭幸福，事业成功。如果你也曾经在某一个春天，给了自己一颗梦想的种子，并用努力的汗水精心浇灌它，那么，你梦想的种子，就会生根、发芽，不断茁壮成长，并绽放出艳丽的花朵。

从一个贪恋广播的小女生到电视台的记者，柴静成功的道路可以说是在不断地呈跨越式成长，这种快速成长的动力，正是源自于她的不凡梦想，源自于她能不断地放飞自己的梦想，不断为自己的梦想而奋斗。

在柴静13岁时，她接触到了广播。从那时起，她了解了广播可以给人带来一个如此新奇的世界，悄悄埋藏下了梦想的种子——那就是有一天能离开自己的家乡，到一个能放飞自己梦想的地方，做一个电台的主持人，过一种与身边人截然不同的生活。

经过多年的努力，她的梦想终于照亮了人生。

何谓梦想，一个女人又应该给自己确立什么样的梦想？柴静是这样解读的："梦想是和职业无关的，而是接近一种生活方式的定位：能做喜欢的事情，譬如，摄影可以去记录一些流逝的东西；能对社会有贡献，不是出于职业的虚荣心；能作为一个纯粹的人来生活，不仅仅是女人或者主持人；可以摆脱性别角色、职业身份的阻滞，拥有自己的自由。"

从曾经梦想成为一个电台的广播主持人，到梦想成真，这既是一个女人追求梦想的历程，更是一个女人快速成长的过程。而在此期间，支撑柴静一路前行的，是她不懈的努力与胆识。

很多女人也有梦想，但总认为梦想离现实太远，其实，只要你树立了远大的梦想，只要你为梦想不断地努力，总有一天，梦想不再那么神秘，不再那么遥远，而是变为接地气的现实。

女人一定要有自己的梦想，要有自己追求的目标。在春天确立的梦想，就如同一粒小小的种子，别看这粒种子很小，很不起眼，很易让人轻视，可只要你小心地守护它，它总能生根发芽。所以，在最美好的年华中，一个女人一定要给自己一颗梦想的种子，哪怕它很小很小。

心有多大，梦就有多大，人生的舞台就有多大。一个女人一定要给自己树立梦想。因为上苍总是喜欢将无上的荣耀，给那些有梦想的人，上苍总是将夺目的光彩，给那些放飞自己梦想的人。

所以，一个女人一定要有梦想。有梦想的女人最美丽。梦想，是女人一生中，永远在寻找，永远萦绕心间的一个美丽的梦。每个女人都应该迈开追寻的梦想脚步，让自己的人生更绚丽多姿。

梦想就是一颗珍珠，或大或小。对于那些一生当中有很多梦想的人，就可能结出一粒又一粒的珍珠。当有一天其中一个梦想成熟之后，这个梦想还会像一根链子一样，将那些散落的小珍珠，或者还没有成型的珠子，串成一串美丽的珍珠项链。

相信自己，不要小看了自己的力量

在现实中，很多男人常常感叹自己压力太大，责任深重，养家糊口都得一人承担，言外之意很明显：女人就活得舒坦，只要做做饭，带带孩子，就什么都不用管了，还有人管吃管住。也有女人承认了自己的软弱，小看了自己的力量，把自己的一切都寄托在一个男人身上，一旦被男人所弃，就不知所措。

然而，对每个女人来说，都要能以一个更高的姿态回击这类男人，告诉他，没有男人，我一样能活下去。如果女人能做到这点，那么，女人就已经不止半边天，也不会在家庭生活中处于尴尬的境地。作为女人，一定要相信自己，相信自己的力量，相信自己可以决定一切。

有人说女人是月亮，男人是太阳，月亮是靠太阳的恩赐才富丽堂皇，女人依靠男人才能生存。然而，历史告诉我们，女人和男人一样是一个大写的人，而且在某些时候能表现出超越男人的坚强和力量。女人是社会的财富，是人生的源泉，是男人的动力。女人使世界变得更加美丽、更加温馨、更加精彩。在我们身边，女性所表现的力量无处不在。

有这么一则感人的故事，发生在中世纪的德国。

1141 年，巴伐利亚公爵沃尔夫被困在了他的温斯堡中。堡城之外是康纳

德国王的军队。这次围攻已历时数月，活尔失知道现在他只能投降了。信使开始在两军之间穿梭，带来了投降的条件，活尔失和他的军官们也开始准备将自己交给死敌。但是，温斯堡的女人们还没打算放弃一切。她们给康纳德国王送去音讯，要求他承诺保证温斯堡内所有女人的安全，并许诺她们在离开时能带走用双手能够拿走的所有的珍贵东西。

她们的要求得到了许可，接着，城堡的大门打开了，女人们走了出来——城堡外所有的人都大吃一惊——她们手里拿的不是金银珠宝。每个女人的腰都弯得低低的，原来，她们用双手抱着的竟是她们的男人。她们要救出自己的男人，不让自己的男人受到这支胜利的军队的报复。

康纳德国王被这一壮举感动得流下了眼泪。他凝视着这些坚贞和充满了力量的女人，作出了承诺，保证她们的丈夫有完全的安全和自由。接着，国王举行宴会，邀请所有的人参加，并与巴伐利亚公爵签订了和平协议。此后，温斯堡更名为韦博图山，在德语中的意思就是女人的坚贞。

于是，我们说，当生活发生逆转时，女人往往更能体现出善良、仁爱、坚贞和力量。

在今天这个处处充满竞争的社会，柔弱无助的女人已日渐失去市场，男人不再是女人的依靠，女人也早已不是男人的附庸。“男人追求的极致是成功，女人追求的极致是幸福”的名言也日渐黯然失色。因此说，渴盼男人赐予你幸福是不安全的，女人只有完善自我才是最重要的。

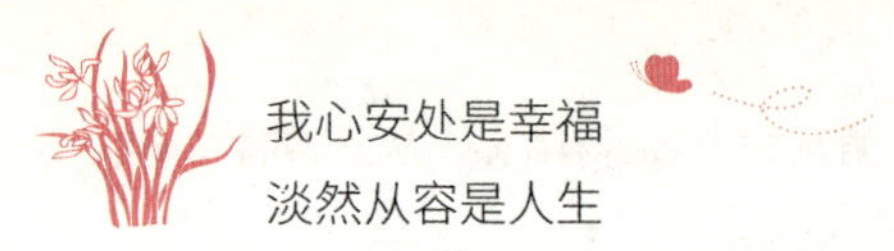

有人说自信使女人变得更加聪明，而自强能使女人学会高贵。

随着时代的发展，女人们在社会上工作的领域会更宽，能力会更强。随着男女社会分工差异的减小，男女间的独立性和自由度会大大增加。对每个女人来说，要相信自己，要明白这样一个道理，离开了男人，你依然可以活得很好。

自信对于女人来说，更是一种不可言喻的美，这种美来自于各个方面；如果说把单纯的外表漂亮的女人定位为美丽，那是一种肤浅的想法，女人真正的美丽源于自信。

自信的女人，不一定有倾国倾城之姿，不一定有沉鱼落雁之貌，甚至可能相貌平平，但是，因为有那份自信，瞬间就变得娇艳动人，优雅高贵。因而，无论在什么地方什么时间，她们都会成为万众瞩目的焦点，人们眼中的耀眼明星，而且永远不会因为容颜的老去失去光彩。

自信的女人，走路的时候总是昂首挺胸，用沉着坦然的表情向人们传达一种美丽的气质。自信的女人，不同于那些容貌出众、才华杰出、家财万贯、权倾一时的自负女人；也不同于目空一切、高高凌驾于众人之上、仗着自己的优势，不肯轻易向凡间俗物略微低头，给人一种望而生畏的自负女人。自信的女人，因为自信而多了平和，多了宽容，多了礼貌，多了和颜悦色，因而，众人眼中的她，犹如圣母玛利亚般，易于交谈，易于接近，因而愿意亲近。

自信的女人，无论家庭、事业、交际，都能一帆风顺。自信的女人，不会学那些为赋新词强说愁的小女人，也不会学那些无事生非的长舌妇，整天无所事事，借助其他一些无聊的事情来消磨自己的时光，耗费自己的青春；相反，她们目光长远，对自己有充足的信心。经营家庭，她们游刃有余，可以处理好与父母、子女、丈夫之间的各项事务，能经常带给家人一些惊喜，以使自己的家庭幸福美满；经营爱情，她们绝对是男人眼中的温柔女人，给予男人的默默支持，会让在外奋战的男人感到前所未有的放松，既而更加信任她们；经营友情，她们是最好的良友，会在朋友最需要帮助的时候，报以微笑，用心倾听朋友心中的苦痛，给以最真诚的关怀和力所能及的帮助。即使偶尔出现挫折打击，她们总能轻巧化去，一举手、一投足间，便能让事情向着有利于她们的方向转去。

但这不是说自信的女人就是女强人。女强人的雷厉风行不可一世总使人敬而远之。而自信的女人或者刚强，或者柔弱，或者中性，但都使人易于接近、喜欢接近。她们刚强时，会非常豪爽，用一份洒脱和坦率使你心悦诚服；柔弱时，往往会让人有种怜香惜玉的感觉，继而心甘情愿地任她“摆布”。

自信的女人，懂得她最需要的是什么。荣华富贵不能使她们折服，金银首饰不能使其开颜，香车别墅不能让她们动容，弱水三千，她只取自己想要的，那是她们的睿智所在。所以，自信的女人，从来没有绯闻惹身，因为她们本来就洁身自爱，感情专一。

自信的女人，时常会是众人信任和赏识的对象，所以有时也许会感觉疲惫，但是聪明自信的她们总是可以找到更好的办法，在最短的时间内处理好各种问题，给大家带去更大的惊喜。

自信的女人，不一定拥有的丰厚的物质财富，但是，她却拥有一份富可敌国的精神财富——自信，这是一份属于自己的永恒的财富，别人夺不走，像美丽的光环，照耀她，使她散发出更加迷人的魅力。

中央电视台的一个公益广告给很多人留下了深刻的印象：冬日的早晨，一个喜欢跳舞的农家女孩推开篱笆，在白雪漫天飞舞的山寨中翩翩起舞。她梦想着在真正的大舞台上尽情展示她那优美的舞姿……最终，她从山寨中的空地上跳上了城市的大舞台，从一人独舞到与万人共舞……那句经典的广告语让人分外感动：“每个人心中都有属于自己的舞台。心有多大，舞台就有多大。”

“心有多大，舞台就有多大”，其实这就是一种自信的生活态度。人生就是一个舞台，你能取得多大的成就，取决于你自信的程度。

真正自信的女人不会因为相貌平平而感到羞愧，不会因为年龄的增长而自卑，不会因为增加了一道皱纹而烦恼。自信的女人无论是在生活中还是在工作中都容易取得更大的成功。

吴士宏，她的人生充满了坎坷和艰辛，也充满了自信和坚强。她原本只是北京椿树医院一个只有初中文凭的小护士，1985年通过自学英语进入IBM公司任勤杂工，然而她凭借个人非凡的努力，不断改变着命运，到1997年已经成为IBM公司中国销售渠道总经理，1998年吴士宏出任微软（中国）公司总经理，1999年6月辞职。在IBM、微软两个外企帝国14年白领生涯之后，吴士宏于1999年10月出任大型国企TCL信息产业集团总裁，更把本已很传奇的故事推向了新的高潮。

吴士宏从一个未受过正规高等教育、没有任何背景的普通年轻女子，到

IBM、微软两个巨型跨国公司的地区负责人，她的成功，除了缘于过人的胆识、聪颖的头脑，还跟她的自信有着密切的关系。

参加IBM的面试时，吴士宏初生牛犊不怕虎，经理问她："你知道IBM是家怎样的公司吗？""很抱歉，我不清楚。"吴士宏实话实说。"那你怎么知道你有资格来IBM工作？""你不用我，又怎能知道我没有资格？"吴士宏脱口而出，这话自信十足。她接着继续用英语说，她以前的同事和领导都相信她有能力做更多的事，她说能通过自学考试就是能力的证明，如果给她机会，她会证实自己的能力和资格的，IBM公司或是别的公司如果用她一定不会后悔的。就这样，她被告知：下周一上班！"天生我材必有用。"吴士宏充满自信的言语给予主考官的是一种信任和认同感。

吴士宏的成功经历，就如同中国版的"灰姑娘"，但拯救这个灰姑娘的不是王子，而是她自己。

对于任何一个女人来说，幸运都不是天赐的，一切都要靠自己。也许你各方面的条件并不优越，但你没有理由自卑。如果你的心中埋藏着自信的种子，那么，总有一天，你也会和打工皇后吴士宏一样，收获属于自己的丰硕果实。

吴士宏的成功神话告诉我们，自信是一种财富，女人如果能利用这笔属于自己的财富，不断地挑战自我、战胜自我，那么任何困难都将变得微不足道。

自信原本就是一种美丽，当你昂着头的时候，已经展现出你的魅力了。无论是贫穷还是富有，无论是美若天仙还是相貌平平，只要你昂起头，自信就会使你变得可爱——因为自信可以让女人拥有一种特殊的气质，一种具有震慑力的气质。

拥有希望，从容面对人生中的风和雨

人生浮沉是一种历练，岁月沧桑是一种积累。悲过了，才知道喜的可贵；哭过了，才知道笑的芬芳。苦难是一把双刃剑，带给女人伤痛的同时，也会让女人瞬间成长。

迎着刺骨的寒风，林晓菲走到街边那家熟悉的花店门口。玻璃橱窗里的花悄然盛放，可她的心却早已伤痕累累。

从小到大，她很少遇到不如意的事，很少遭受委屈。懵懂的年华里，她也曾为赋新词强说愁，以为女生那点不悦的小心思，偶尔吵架拌嘴，被扣工资，就是人们口中的“无常”。可事到如今，她才知道自己多么幼稚。

怀孕五个月时，突如其来的车祸，夺走了林晓菲肚子里那个还在成长的小生命。一波还未平息，一波又来侵袭。在她情绪还没有平复的时候，工作一向稳妥的丈夫，竟然犯了大错，被公司解雇。主管的职位，是他用七八年的青春换来的。她痛苦，丈夫失意，一连串的打击，她实在无力承受。

眼前的花店，门上挂着一个牌子：感恩节将至，特别礼物奉送。

人在低落的时候，眼里的世界是黑白的，再美好的东西都会变得黯淡无彩。“感恩什么呢？感谢那个撞了我的司机，感谢丈夫的公司给他换工作的机会？”林晓菲嘲讽着笑了，推开了花店的门。

热情的女店主亲切地打招呼：“亲爱的，是要为感恩节买花吗？”

林晓菲冷冷地说：“不是，我没什么可感恩的。”

平日里，她是不会这样讲话的，冷漠而无礼。可不知为何，此刻的她，却只想找个地方、找个出口，释放压抑在心里的痛苦。不是针对谁，只是有点情绪失控。

“那好，我知道你需要什么花了，稍等一下。”女店主有一股淡雅的气质，说话慢条斯理，不温不火的。她走进里面的工作间，出来时抱着一大堆绿叶、蝴蝶结和一把又长又多刺的玫瑰花枝。那些玫瑰花枝被修剪得很整齐，只是上面一朵花也没有。

林晓菲是个讲究的女人，过去常常买花，可是眼前的一幕，还是让她愣住了。她盯着那束花，疑惑地看着女店主。她很想说：“我没心思开玩笑，谁会要没有花朵的花？”但她没说，只是轻轻地说：“这……”用疑问的语调打探着。

女店主笑了，那一笑清婉而明媚。她说：“很有意思吧？我把花故意剪掉了。这是店里的特别奉献，叫作——荆棘花。”

林晓菲只知道荆棘鸟，从未听过如此奇怪的花名。

女店主缓缓地说：“我看得出，你好像不是很开心。介意坐下来聊聊吗？”

林晓菲没有拒绝。花店靠窗的位置安放了一张桌子和两个红色的沙发，很温暖。女店主泡了两杯咖啡，然后给林晓菲讲起了一段往事——

“几年前，我的感觉跟你现在一样，觉得生活里没有什么希望，也没有什么可感恩的。那时，我哥哥染上了毒瘾，欠了很多钱，要债的人每天上门，逼得母亲走投无路，甚至要自杀，父亲被气得也生了病……一个好好的家被折腾得快要散了。

“我恨过哥哥，怨过父母，是他们骄纵了儿子，才惹得这样的下场。可是，打断骨头连着筋，家人始终是家人。之后，哥哥被送进戒毒所，我拼命地工作，帮他还钱，支撑着家。我从一个不谙世事、天真烂漫的女孩，慢慢地成熟起来，心里的那份怨怼也少了很多。

“我想明白了一件事。每天有昼夜之分，生活也一样，黑暗的日子也是生活的一部分。只是，过去的我一直享受着生活里的‘花朵’，忽略了荆棘的存在。其实，它们是一体的。现在，我的心非常平静，就算再被荆棘刺伤，我也会感谢它，它让我知道了什么是真实的人生。再然后，我开了这家花店，每年的感恩节，我都会为一些特别的人，送一份特别的礼物。”

从女店主那张洋溢着微笑的脸上，林晓菲怎么也看不出，她竟然有过那样的经历。可是，她有点怀疑自己，不知道自己能否像女店主那样，为生命里的荆棘感恩。

女店主大概也看出了她的心思，指着那束没有花的荆棘花说：“你看这荆棘，长得多丑啊！可是，它能把玫瑰衬托得很美，让玫瑰变得与众不同。遇到麻烦的时候，别去恨它，坦然接受。要不是它的出现，你又怎么会知道，从前那些简单平淡的日子，也是难得的幸福呢？”

听完这些话，林晓菲心里觉得好过了一些。她问："这束花多少钱？"

女店主笑笑，把荆棘花包好，说："不要钱，算我送给你的。"

走出花店，迎面的风依然有些寒冷，可阳光却变得很温暖。林晓菲打开荆棘花里面的贺卡，上面写道："也许你曾无数次为生命中的玫瑰感动过，却不曾留意过荆棘。这一次，愿你真正地明白荆棘的价值，向生命中所有的不美好说一声谢谢！重新燃起对生活的希望。"

约瑟夫·艾迪逊曾说："真正的幸事往往以苦痛、丧失和失望的面目出现，只要有希望，就能看到柳暗花明。"一个女人在痛苦中懂得的东西，永远比在欢乐中懂得的要多。因为欢乐只能让她享受人生，而痛苦却能让她读懂人生。

人生山一程水一程，高低起伏，沟沟坎坎。从一个稚嫩的女孩成长为一个淡定自如的女人，少不了风雨的洗礼，荆棘的刺伤，迷雾的遮挡。这个过程中，注定要有眼泪和悲伤跟随，没有人可以代替你去承受，哪怕是至亲至爱，也只能默默关爱与搀扶。化茧成蝶的痛，你只能从一个肩膀挪到另一个肩膀。那些淡然如水的女人，不是没有忧伤，而是学会了坚强；不是没有跌倒过，而是学会了疗伤。每一场经历都是生活的积累，每一次坎坷都是生命的历练。

身为女人，不要因为被称为"弱者"，就任由自己投降。不要怕，也不要恨，就算生活误解了你，给了你无尽的苦痛折磨，也要保持对生活的希望。

曾几何时在街上的一个门口，有一位白发苍苍的老太太，弯着腰，挑着两只破烂的筐子。她的孙子或许是她的外孙跟着她。小男孩四五岁的光景，看见一张废纸就从地上捡起来，放进奶奶的筐子，孩子的脸上有一丝笑容，在这冰冷的二月里，仿佛是一道金黄色的阳光。老太太也会心地笑了，尽管笑里隐藏着一丝哀伤。他的笑，也许在他看来仅是一点收获，能够使自己奶奶的箩筐装得更满一些，这是贡献。而老太太也许是世间的沧桑磨蚀了她的渴望，也许是为自己，更多的是为了她的孙子或者外孙的未来担忧，她的笑容不够灿烂，她生活的信心来得有些艰难，然而她还是痠着脸微微地一乐，对小男孩表示着一点点的鼓励，对他的懂事和对于生活的希望给予高度的奖赏。

生命的清冷与悲凉在白发的老人与四五岁孩子当中，生命的青春在那衰老的脚步与天真的笑容中，可能所有的这一切都还会有一点希望。

对生命本身来说都是非常脆弱的，人只有坚强地活着，充满着希望，你没有像小男孩那样，漂流在凄凉的街头，你更不会像老太太那样，年岁已老，因为你还年轻。你既然年轻，那么就应该有希望，你年轻就应该有信仰，你年轻就没有理由去悲伤。

人生之路是曲折而又漫长的，有太多太多的烦恼与忧伤，你可能曾经埋头苦干过，挑灯夜读过；你可能踏踏实实，认认真真地工作过；你可能……但你没有得到你所应该拥有的一份回报，你可能换来的是一丝悲痛与失望。也许你扬帆远航于人生的海洋上，遇到了一场暴风雨，你的小船漂浮不定。请你不要放弃希望，因为风雨之后，眼前会是鸥翔鱼游的天水一色。也许你迈步挺进在人生的道上，陷入了一片荆棘地，你的天空顿时阴霾。请你不要放弃希望，因为走出荆棘，前面就是铺满鲜花的康庄大道。也许你艰辛攀登在人生的山峰上，忽然一切天昏地暗，你的眼前迷茫一片。请你不要放弃生命当中的任何一丝希望，因为登上山峰，在你的脚底下将是积翠如云的空蒙山色。

一个女孩独自一个人到南国求生，在她求生过程中自己伤痕累累，当她站在一座几十层高的大楼上准备告别这个世界的时候，突然看到东方喷薄而出的朝阳。在决定生死的刹那间，她发现不管是成功者还是失败者，都沐浴着同一个太阳的光芒。或许，再坚持一下，她也会有成功的希望。因此，她乘着生命的航船，又一次回到了青春的起跑线上。

希望，是一种力量，是希望挽救了这个濒临绝望的女孩。希望也是一次生命之中的升华，是一个飞跃，是一架阶梯。

人生之路是由失望与希望所串联起来的一条七彩项链，由此生命才变得多姿多彩。青年人在生活中，难免会为陷入困境而感到失望。在失望时萌生希望，就能驱散心中的阴霾，让人从阴影中走出来，因而步入一个崭新的天地，拥抱到湛蓝的天空。失望会让人感到无比的压抑、痛苦、备受折磨，而希望却让人振奋、欣喜、跃跃欲试。

失望的人们会因为有希望的存在而不再绝望，而希望之后的失望也会让人萌生新的希望，失望与希望是形影相随的一对双胞胎。愚昧的人站在高山下只会感伤和叹息，而对于那些明智的人则会从山下努力地向山顶上面攀登，从而看到另一片新天地。

在很多时候，对于你来说，通常的失败不是败在失望上面的，而是败在不会在失望中寻找希望；有很多时候，我们只是一味地要求别人对自己应该怎样去做，而不懂得在自己身上寻找。而实际上，人生的道路本身就是由希望和失望堆砌而成的，希望连着失望，而失望也紧挨着希望。

有的人说，人生就像一盘棋，而输赢的关键也就只差那么几步。正所谓“一着不慎，全盘皆输”，而决定我们人生输赢的关键一点就是希望或失望。

人生的道路上有鲜花也有荆棘，有成功也自然有失败，希望与失望相伴而行，不要以为“希望越大，失望就越大”，一个人只要时时刻刻想着希望，总比没有希望好。在这个充满竞争的社会里，我们要学会不断给自己希望，不断给自己鼓舞；不断充实自己，坚持不懈地努力走下去，学做流浪的吉普赛人——即使自己一无所有，也要永远为自己歌唱，永远使自己充满成功的希望。

心灵箴言 proverbs

让心灵从容一点，用一份淡然的姿态，对生命里所有的荆棘说一声谢谢！总有一天，你终会彻底地懂得：人生最美好的岁月其实都是最痛苦的，只是事后回忆起来才觉得当时是那么的幸福。

热爱生活，你就能拥有精彩

经常看到有的家庭主妇整天美滋滋地进进出出，脸上看不到什么烦恼的痕迹。她们经营的小家也生机勃勃，让人一眼见到就想起向日葵，金灿灿地充满阳光。对于她的家人来说，如果没有她，家里立刻失去了生机，简直不知道怎么过。

有的家庭主妇则一年365天，几乎见不到她笑的样子，偶尔有开心的事也只是勉强地牵动一下嘴角，然后那个表情就消失不见了。虽然每天她也是三餐不落地做饭、做家务、照顾老人、教育孩子，但总是让人觉得缺点儿什么。如果她不在家，没有人会觉得不习惯，有她没她的日子至少心情上没有太大的差别。

表面上看这两种类型的女人好像是性格原因造成的，其实则不然，这是两种不同的生活态度的反映。一个热爱生活的女人，懂得珍惜生活的每一天，为生活中的每一个小事而尽心尽力，对生活绽放笑脸的女人，生活也会因她而格外美丽。

有这样一位女子，40多岁的脸庞依旧可以用美丽来形容，而且那种美里包含着对生活的无限热爱，她的快乐、幸福也极具感染力。

说她经历坎坷的时候，她从来都是淡淡一笑："爱情与快乐，成长与幸福，哪一个不需要付出些代价？生活永远公平，只要你不丧失生命的热情，生活就总会给安排些奇遇，把从这里拿走的东西会用另一种方式还给你，所以任何时候都不要着急，更不要失望，静心等待，那些痛苦往昔，那些爱恨情仇，都会随着岁月的逝去而消失，依然的幸福即使姗姗来迟，也闪耀着美丽的光环，笼罩在你的心上。”

热爱的生活的女人最精彩，也最幸福。下面，我们来看看热爱生活的22个好办法:

1. 快乐记事簿

养成每天写日记的习惯，记下每天的快乐心情，使你快乐的人物和地点，心血来潮时就拿出来重温快乐时光，（日日是好日，年年是好年。）留住生活中美好的时光，千万不要将不愉快的情绪留到明天。

2. 到超市购物

试试每逢星期天，就到超市尽情采购一番，将冰箱装得满满的，然后以富足快乐的心情，迎接每个星期的第一天。

3. 计划一星期的打扮

用相机拍下自己拥有的每一双鞋子，贴在鞋盒的显眼处，并于星期天安排好下个星期的服饰搭配，如此就不需要每天一早起床，为当天要穿哪件衣服而伤脑筋，省下来的时间就可以不慌不忙地享用美味的早餐，开心地开始一天的生活。

4. 善用数字感

习惯数字带给你的兴奋，利用数字带来的推动力让自己慢慢进步，就算今天比昨天只多做了一两下的仰卧起坐，也能带给你小小的快乐及成就感，毕竟一想到今天的我将会比昨天更接近目标，那种快乐是无法形容的。

5. 找寻最新资讯

每天利用一小时的时间，打开电脑浏览喜欢的网站，在你汲取无边的知识之余，又可享受发现新知的乐趣。

6. 日行一善

不论是扶老婆婆过马路，在公司里帮同事们一点点小忙，或是在办公室制造欢乐气氛，都算是好事，这会使你一整天都拥有一个快乐的好心情。

7. 善于利用时间

试着不要在固定时间守在电视机前，不妨将你喜欢的节目预录下来，有空的时候再播出来看，享受那赶走广告的驾驭感，毕竟新时代的女性，有需要成为一位时间管理专家，才能让你感受到有效率善用时间的乐趣。

8. 不同主题的日子

依照你喜欢的方式，为自己精心计划一星期的特定日子，譬如是打球日、逛街日、约会日、学习日、野餐日，积极快乐地享受每一天。

9. 在家寻宝

你一定有过有时发现家中某种东西不翼而飞，但日子久了也就不了了之，然后无意间在一次的打扫中它突然出现在你眼前，那种在家寻宝失而复得的心情真的很开心。而且定期清理旧东西，让家里窗明几净，空气流通，也有除旧迎新、增加能量的功效，有时也会有不大不小的意外的收获。

10. 梦想剪贴图

专家说过，没有设定目标的人，就永远到达不到目标。将你的理想、目标视觉化，以图片的方式，剪贴在大卡纸上，有空就拿出来欣赏，图片看多了，可以刺激我们努力地去达成某个目标，让你早日享受梦想成真的满足感。

11. 偶尔节制一下

你一定很怀念小时候等待过年的兴奋心情，因为只有在过年时才有足够的压岁钱，可以买心中一直想拥有的东西。长大后的我们可以随时买到自己需要的东西，却已经不懂得珍惜自己身边拥有的，也忘了什么叫得来不易，不妨训练自己在发薪水的那个星期才购物，平常的日子便感受一下节制的乐趣，找回那份童年的回忆。

12. 早起的乐趣

找一天一大清早起床，感觉一下“众人皆睡我独醒”的优越感，早睡早起，头脑清醒精神爽，心情自然也会快乐舒畅。试着培养早起一小时的好习惯，你不但会多了宝贵的宁静时间及充裕的精力，你也一定会爱上那早晨恬静清新的感受。

13. 储蓄乐

买个漂亮的小猪钱箱放在你的办公室桌上，作为你旅游、买衣服或做善事的基金，每天喂它一次，会带给你细水长流的快乐。

14. 养只小宠物

为自己买棵小盆栽或养个小动物，它会使你心情愉快，而在你的悉心照顾下，看着它一天一天的长大，你一定会体会到经过付出而获得收获的快乐。

15. 经常保持愉快的心境

女为悦己者容，每天花一小时的时间宠爱自己，投资在自己身上是应该的。每星期定好养颜滋补的时间表，吃补品、做面膜……让自己随时都保持在最佳状

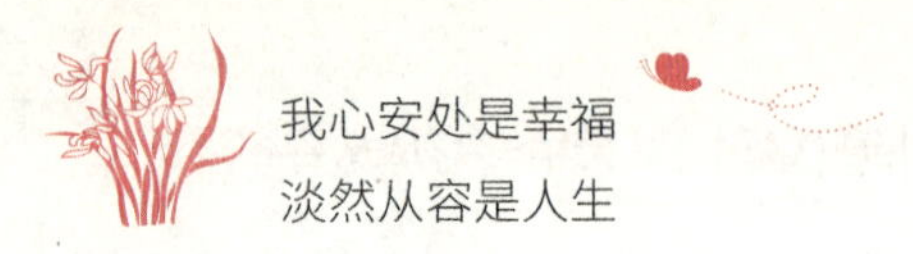

态，眼看着自己一天比一天迷人，怎能不叫你心花怒放，但是别忘了，再怎样地善待自己，最重要的还是经常保持着愉快的心境，才能收到事半功倍的美容效果。

16. 享受天伦乐

家人永远是你最重要的精神支柱，好好珍惜及培养和他们的关系，定期为自己安排喜欢的家庭活动，有了家人亲切的陪伴和全力支持，做起事来都必定更加起劲。不跟父母同住的朋友们，平日虽然不能常抽空去见他们，下班后可别忘了打个电话问候他们。

17. 享受音乐

辛苦工作后，利用短暂的休息时间，听听自己喜欢的音乐，好好地奖赏自己一番，陶醉在优美的音乐旋律中，就算是只有短短的十分钟时间，也能帮你松弛疲劳，带给你不可多得的美妙感受。

18. 休假的艺术

在不用上班的日子里，你也可以过得既浪漫又有效率，如果不想让假日空白，平时就应该做好休假的规划，利用周末的时间，做你平日想做又一直没有时间做的事，让自己过一个有价值又丰盛的周末。例如带上野餐包到户外体验大自然，释放那颗尘封多时的心！

19. 想像快乐

人类的潜能是非常奇妙的，好好运用我们的第六感和意志力，乐观进取地想着经过努力后所带来成功的美好情景，让自己经常有着正面的思想，它会在不知不觉中使你越来越接近成功。

20. 爱情的魔力

经常跟爱侣分享生活上的喜悦、生活中的点点滴滴，在对方沮丧或不开心时给予适当的慰藉与关怀，不但能使彼此之间的爱情更加滋养，更可激励我们不断向上。

21. 不要忘记快乐

乐观的人容易遇上有趣的事，如果你常常不开心，可能你已忘了快乐的节奏感。只要你常到使你快乐的地方，再花点心思，留意周围的事物，你不难发现一些令人开心的事物，其实快乐是无处不在的，只是一直被我们忽略了！你一定听说过，笑口常开的人比较容易青春常驻，想要青春不老，就别忘了一定要常保持乐观进取的态度，积极快乐地过每一天。

22. 自我增值

定期上不同且对自己有益的训练课程，体验一下不同领域带来的学习乐趣和成就感，只要忙得充实有意义，你的每一种兴趣也会带给你不同程度的成就感。

人们常常羡慕功成名就、百事百顺的人，认为他们是生活中的成功者，认为只有这些得到生活回报的人才会对生活充满感激，充满信心和激情。其实，真正懂得生活的人，对生活充满爱意的人，是那些在生活中遭遇挫折和不幸的人；是那些深知生活在世上，有快乐就有悲伤，有成功就有失败，有苦涩就有甘甜的人；是那些对生活没有过多奢求而认认真真生活的人；是那些把生活本身当作幸福的人。

打开心门，感受灿烂阳光

打开心灵的门窗，呈现在我们眼前的是一个阳光明媚、纷繁美丽的世界。

用一颗美好的心灵去看待世界，时刻保持一种乐观的精神去面对人生，多一份自信，少一份自卑与失望。

用美好的心灵去看世界，总是用乐观的态度面对生活，多一份感激，少一份抱怨。

用美好的心灵看世界，总是用顽强的意志面对困难和挫折，多一份勇气，少一份怯懦。

用美好的心灵看世界，总是寻找别人最好的东西，多一份肯定，少一份挑剔。

曾经有一个女人，每到晚上都会做一个梦，她梦见自己走在很长的走廊，在走到尽头的时候，出现了一道门，看见门她就全身发抖，直冒冷汗，但她一直不敢打开这扇门。就这样，20年来她每晚一直都在做着同样的梦，她也找心理医师治疗了20年，但一直没能解决问题，后来她换了心理医师，也把梦的情形跟医师说了个明白。

医师在听完后觉得很奇怪，就跟她说："你为什么不把门打开看看呢？最多只是一死而已嘛！"女人想了想医师所说的话，觉得不无道理，因此，当晚在梦中她便鼓起勇气把门给一下推开了。

隔天，她去找心理医师，医师问他：“门打开了吗？”

女人点点头回答：“打开了。”

医师问：“结果门后有什么呢？”

她说：“打开门后，呈现在眼前的是一片绿油油的柔软草地，在灿烂的阳光下，还有美丽的蝴蝶在飞舞。”

实际上在我们平时的生活当中有许多像这样的女人，她们总是不敢打开生活的心灵之门，因为怕打开，所以，也就常常缩在幸福大门之外。

当孤单的时候，当寂寞的时候，当忧愁的时候，当心烦的时候，当矛盾的时候……“唉，我应该怎么办？”这是多么无奈的感觉呀！

轻轻告诉你，打开你的心灵之门吧！把你自己的烦恼、矛盾告诉你值得信赖或者有能力帮助你的人，让他（她）来开导你。人人都会遭遇到烦恼，关键是看你如何去面对，去对待。我们要少为小事而烦恼，多为目标而努力。我们就像是在大海上航行的帆船，海浪就像是我们在航行过程中所遇到的重重困难，我们必须要勇敢地战胜困难，奋力地冲向大海的彼岸，才能不断地认识自我从而增强调控自我、承受挫折、适应各种环境的能力。

如果一栋房子没有窗户，温暖的太阳也就根本没办法照射进来，新鲜的空气也不能飘散进来。

对于人也是这样，心窗没有打开的时候，你就会感到气闷；一旦心窗打开了，

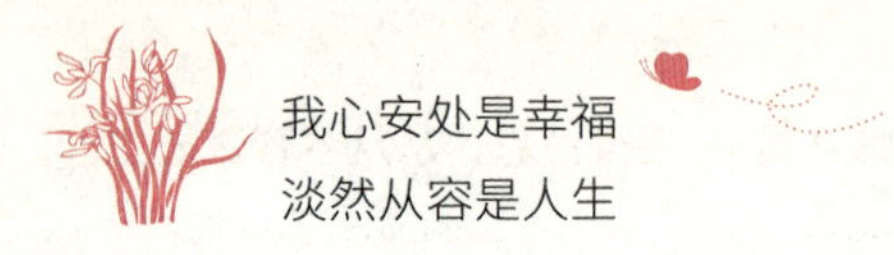

心才能够通达，心灵的视觉才更清晰。

一旦窗户打开了，心灵的空间也就豁然开朗，对于一些事情也自然看得更加的透彻，这时你的生命就充满了快乐，生命就有了意义，这时你就觉得上帝给了你一件最难得的礼物——生命。为了报恩，你会珍惜自身的生命，热爱健康，在漫漫的生命长河之中就会发现幸福、快乐、热情和友爱。

人，总是为追求名与利、权与势而终日奔波、不辞劳苦，追求私欲而不会感到满足，追求情爱而缠绵不尽，对于所有的这些，就会使人万般的痛苦而陷入不能自拔的地步。如果人人都能打开心灵的门窗，那么，所有的烦恼，所有的痛苦就会烟消云散，生命就充满阳光，生命就会灿烂辉煌。

曾经有个人没有能打开心窗而断送了自身的生命，那个人在荒凉的古堡里写着《撒哈拉的故事》，在黄沙飞舞中流着眼泪，面容依然是那么憔悴。然而《梦田》的那个女子还是一去不返，这个人就是三毛。她曾写到：“为什么流浪？为了梦中的橄榄树。”可是，她还没有等到橄榄树绿满她的世界，她就这样永远地消失了——一条长长的丝袜结束了她的生命。三毛的悲剧，在于她没有及时打开她的心灵之窗。她不知道死去的丈夫荷西在冥冥之中更希望她能够坚强起来，希望她能够快乐地活下去，能真正更好地享受生命所带来的阳光。

打开心灵的门窗，抹去愁绪，让自己支离破碎的心重返平静，为自己曾经付出的一切铺垫一层梅花的幽香，有了一道凄美的伤痕，从此，即便是萧萧残冬，即便是落叶纷飞的黄昏街头，也不再为自己身边的凄凉与黑暗而迷失了自我，生命将平平淡淡的延续，因为我们已经打开了心灵的门窗，享受到了生命的阳光。

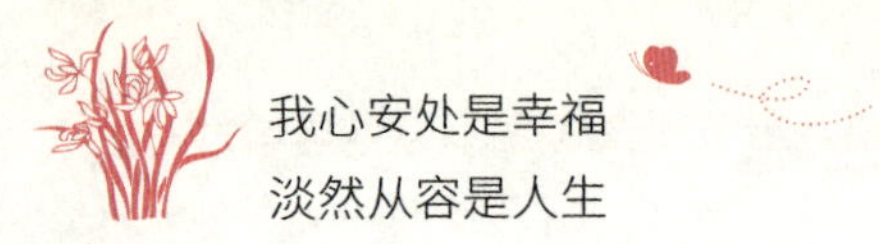

掌握平衡，生活工作都精彩

有些女性认为在工作和生活之间只能选择其一，如果努力工作，就不能顾及生活。当有的女性为了家庭忽略了工作，甚至放弃工作时，她们的理由竟如此堂而皇之：不能够两者兼顾，想要照顾好家庭，必然只能放弃工作。但是，我们却发现很多成功的女性，她们拥有了双重的幸福，即来自工作的幸福和来自家庭的幸福。

俗话说“鱼和熊掌不能兼得”，这句话也没有错，但是，需要指明的是，生活与工作并不是互为冲突的。对美好生活的向往是每一个人的期望，然而，如果只拥有美好幸福的生活而失去工作带来的幸福，生活就会缺少了一种色彩。那么，我们为什么不能合理地分配时间，合理地安排它们，得到双重的幸福呢？

《时尚芭莎》的主编苏芒曾说：“我喜欢工作也喜欢家。在工作时，我的头脑充满灵感和梦想，身体里像充满能源的加速器一样，随时蓄势待发；在家里，我的心是充满幸福的，宁静满足，无欲无求的，一粥一饭，有孩子、爱人，还有一只可爱的小猫……记得有同事向我辞职时常常会这样说：对不起，我希望有工作也有生活，但两者不可兼得。多少人拥有幸福的家庭和快乐的工作、满意的成就呢，就算你暂时没有驾驭两者的能力，你不愿意试试吗？”

读过这段文字，我们是否应该问问自己，为什么别人能把工作和生活安排得如此妥当，既在工作中获得满足，又可以在生活中获得幸福，而自己却没有做到呢？

其实，女性之所以处理不好二者之间的关系，有很大一部分原因是因为没有一个良好的心态，而且不会安排自己的时间。如果能利用有效的时间把工作处理好，高效率地工作，那就不用占用很多生活的时间。实际生活中，我们经常会看到这样一些人：工作时，喜欢拖延，做一些与工作无关的私事，比如把与朋友沟通的时间安排到工作时间里去，每天都要打电话给朋友。实际上，很多的电话都是无关紧要的。不是紧急事务最好不要浪费工作时间去处理，因为这样做的结果会造成工作没有做好，而不得不去加班完成工作。这时候，她们就认为工作和生活是矛盾的，两者之间只能选择其一。

有很多人曾问杰克·韦尔奇这样一个问题，为什么你会有那么多时间可去打高尔夫球，同时还能干好 CEO 的工作呢？他是这样回答的：就是正确地把握好生活与工作的平衡关系，即解决好如何去管理生活，如何支配时间，应该把多少精力和时间放在工作上这些问题。

忙碌着的李燕，在自己的工作日程表上永远都有一个特殊的日子，那就是家庭日。即使工作再忙，每个星期天也都是她雷打不动的“家庭日”。如今的她拥有一连串的头衔，但绝非是人们想象中的女强人形象。她一面是业绩显赫的总经理，一面又是家里优秀的主妇。她说事业有成也需要有家的支持。李燕是这么说的，也这么做了，多年来她都是很快乐地跳动在高效工作与幸

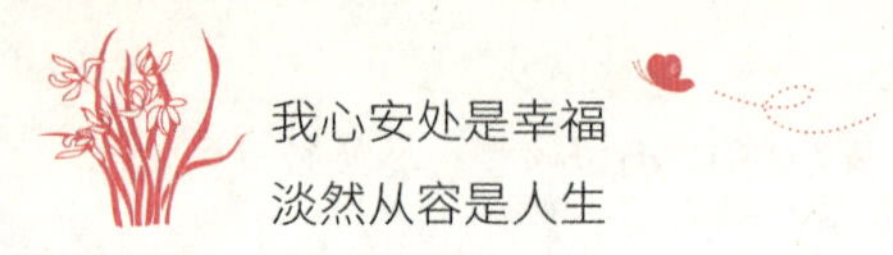

福生活的平衡点上，得心应手、游刃有余。

女人，没有理由为了家庭而放弃自己的事业，也没有理由为了事业而放弃家庭，两者能兼顾是最好的选择。我们要做家庭的好园丁，营造温馨的亲情。因为，家是一个充满柔情的温馨花园，女人便是其中最辛勤的园丁。孝敬老人、关爱丈夫、教育子女是每个家庭主妇应尽的责任。选择他做自己的丈夫，同时也就选择了他的家庭、他的事业。和谐相亲的家庭氛围是事业的有力保证。相对来说，事业是女人保持真本色的最好途径。家庭确实十分重要，但它绝对不是我们生活的全部。因为这是一个竞争的社会，没有竞争力就没有生存的空间，完全依附于男人的女人不仅经济不能独立，而且在生活中会迷失自我，只能碌碌无为、平平庸庸地过一辈子。幸福的生活要靠两个人共同去创造，只要问心无愧、尽心尽力地去做事，对家庭尽职尽责，自己的人生路就已经成功了一半。

如果每天除了工作没有别的生活乐趣，那么，工作也将会索然无味。反过来也一样。所以，想要活得更加精彩，就一定要平衡好工作和生活的关系，让自己拥有双重的幸福，即来自工作的幸福和来自生活的幸福！